**Welt***

Libanon
Syrien
Israel
Paläst.
Autonomiegebiete
Irak
Jordanien
Kuwait
Bahrain
Ägypten
Qatar
VAE
Oman
Saudi-Arabien
Jemen

Maghreb

Mashrek

...horen, Mauretanien, Somalia und Sudan. Israel ist kein Mitglied der AL.

Gabi Kratochwil Business-Knigge: Arabische Welt

Gabi Kratochwil

Business-Knigge: Arabische Welt

Erfolgreich kommunizieren mit arabischen Geschäftspartnern

orell füssli Verlag AG

Dieses Buch ist meiner wunderbaren Familie und meinen lieben deutschen und arabischen Freunden in Dankbarkeit gewidmet.

2. Auflage 2007

© 2007 Orell Füssli Verlag AG, Zürich
www.ofv.ch

Umschlaggestaltung: Andreas Zollinger, Zürich
Bildnachweis Karikaturen: Muhammad az-Zwawi aus: Sigrid Faath (Hrsg.): Muhammad az-Zwawi. Ein libyscher Karikaturist. Scheessel 1984. Hans Traxler aus: Susan Stern: These Strange German Ways. Hamburg 1994. Marcel Keller 2006.
Druck: fgb • freiburger graphische betriebe, Freiburg

ISBN 978-3-280-05192-4

Bibliografische Information der Deutschen Bibliothek
Die Deutsche Bibliothek verzeichnet diese Publikation in der Deutschen Nationalbibliografie; detaillierte bibliografische Daten sind im Internet über http://dnb.d-nb.de abrufbar.

Inhalt

«Ein höflicher Gast isst und steht auf» –
Knigge bei Tisch 166

12. Zu guter Letzt 178

Anhang 193

Vorwort

Die wirtschaftlichen Beziehungen zwischen den arabischen Staaten und dem deutschsprachigen Raum blicken auf eine lange gemeinsame Tradition. Sie haben sich darüber hinaus in den letzten Jahren deutlich dynamisiert. Das belegen die Wirtschaftsdaten eindrucksvoll.

Der arabische Raum bietet Unternehmen aus dem deutschsprachigen Raum große Chancen. Produkte, Technologien und Knowhow aus dieser Region genießen in der gesamten arabischen Welt einen ausgezeichneten Ruf. Sie sind bestens geeignet für die zahlreichen Diversifizierungs- und Modernisierungsprogramme in der arabischen Welt.

Immer mehr arabische Geschäftspartner entwickeln sich dabei von einem bloßen Handelspartner oder Kunden zu einem Unternehmenspartner.

Und die Weichen der engen Kooperation stehen gut: Wirtschaftspartner aus dem arabischen und deutschsprachigen Raum haben ein Klima des gegenseitigen Verständnisses und Vertrauens geschaffen.

Der Erfolg einer geschäftlichen Tätigkeit in den arabischen Ländern hängt nicht nur von Wirtschaftsdaten ab. Von entscheidender Bedeutung ist die Fähigkeit, mit Menschen aus unterschiedlichen Kulturen situationsadäquat und zielführend kommunizieren und interagieren zu können. Interkulturelle Kompetenz ist ein zentraler Erfolgsfaktor, denn Wirtschaftsbeziehungen sind immer auch Beziehungen von Mensch zu Mensch.

Dieses Buch liefert einen hervorragenden Beitrag zum gegenseitigen Verständnis, vermittelt einen fundierten und differenzierten Einblick in die arabischen Kulturstandards und bietet wertvolle Tipps aus der Praxis zur Optimierung der Wirtschaftsaktivitäten.

Damit wird es zum unverzichtbaren Begleiter für alle, die sich wirtschaftlich im arabischen Raum engagieren wollen, ihre Wirtschaftsbeziehungen im arabischen Raum aufbauen, konsolidieren und optimieren und somit ungenutztes Potenzial ausschöpfen möchten.

Abdulaziz al-Mikhlafi
Generalsekretär der Arab-German Chamber of Commerce and Industry e. V. (Ghorfa) und Generalkoordinator der arabisch-ausländischen Handelskammern.

Muqaddima – Ein Wort vorab

Wer schon einmal etwas auf einem arabischen Souq gekauft hat, ob in Marrakesch, Tunis, Kairo, Damaskus, Beirut, Dubai, Muscat oder Riyadh, der kennt diese Szene: Man nähert sich dem Gegenstand des Interesses. Man fragt den Verkäufer, was er denn kosten soll. Und ehe man sich versieht, sitzt man im Ladenlokal bei einem *shay* oder *qahwa*, einem Tee oder Kaffee. Der Verkäufer beginnt einen netten Plausch über Gott und die Welt und erwähnt nebenbei einen zunächst horrend anmutenden hohen Preis. Denn es handelt sich ja schließlich um ein ganz besonderes Stück, weil...

Und nun folgt ein Lehrstück in Sachen progressiver Verkaufstechnik. An dieser Stelle schließt sich dann im Normalfall das gesamte Prozedere des sogenannten Feilschens an. Es geht hin und her, die Tonlagen und vor allem die Gesichtsausdrücke variieren erheblich, von sanftmütig und überaus freundlich bis hin zu Tode betrübt, entsetzt und wütend: «Wie soll ich bei diesem Preis meine Familie ernähren? Wollen Sie mich ruinieren?» Bis man sich im Idealfall später, viel später dann schließlich für beide Seiten glücklich geeinigt hat. Und man dann mit dem Gegenstand des Interesses zufrieden von dannen zieht. Gehen Sie mal in Berlin, Zürich oder Wien in ein Geschäft und probieren Sie das aus. Sie werden bestenfalls auf höfliches Unverständnis stoßen. Schließlich steht der Preis doch auf dem Produkt. Und der ist zu bezahlen. Ohne Diskussion und ein Glas Tee.

Jede Region, jede Kultur hat ihre eigene Geschäftskultur. Für ein erfolgreiches Engagement im arabischen Raum sind nicht nur Wirtschaftsdaten entscheidend. Der geschäftliche Erfolg hängt zu einem wesentlichen Teil von der Kenntnis der arabischen Geschäftskultur und der spezifisch kulturellen Rahmenbedingungen der arabischen Märkte ab. Erfolgreich kommunizieren und verhandeln mit arabischen Geschäftspartnern setzt voraus, dass man mit der arabischen Kultur und Mentalität vertraut ist. Das bedeutet auch, die arabische Welt nicht als homogenes Gebilde misszuverstehen. Marokko ist nicht Saudi-Arabien, Ägypten nicht der Libanon, die Vereinigten Arabischen Emirate nicht Syrien. Dennoch lassen sich im Geschäftsleben verbindende Business-Etikette-Standards bestimmen, wie beispielsweise der hohe Stellenwert der persönlichen Beziehungen oder aber die Bedeutung des Islam als verbindendes Element in der gesamten arabischen Welt.

Der arabische Raum steht wie keine andere Weltregion in einem Spannungsverhältnis unterschiedlichster Sichtweisen. Auf der einen Seite erreichen uns Bilder von religiösem Fanatismus, Terror, Selbstmordattentätern. Auf der anderen Seite stehen Bilder von Gastfreundschaft, alten Hochkulturen, hochmodernen Metropolen, unermesslichem Luxus mit seinen glitzernden Glaspalästen, Petrodollars und Exotik, gewürzt mit einem Schuss 1001 Nacht. Mit dem boomenden Übermorgenland Dubai hat die arabische Welt ein neues Symbol von rasantem Wirtschaftswachstum und beeindruckender Dynamik geschaffen, das auf die gesamte Region ausstrahlt. Insbesondere die Entwicklung in der arabischen Golfregion ist mit dem Begriff Superlativ nur schwer zu umreißen und hat in der gesamten Weltöffentlichkeit für Aufsehen und Anerkennung gesorgt.

In Dubai sind die Mega-Projekte kaum noch zu zählen, die als Symbol für diesen Boom stehen: Angefangen mit dem Burj al-Arab, dem ersten Sieben-Sterne-Hotel der Welt, den künstlich aufgeschütteten Palmeninseln mitten im Arabischen Golf oder der in der Region einzigartigen Skihalle. Ski- und Rodelspaß im Wüstenstaat bei 50 Grad im Schatten. We can do! Die Emirate Dubai und Abu Dhabi wetteifern derzeit um das höchste Gebäude der Welt, den modernsten und größten Flughafen, die breitesten Highways, die größten Industrieparks, die luxuriösesten Hotelanlagen, um nur einige Bereiche zu nennen. Die Vereinigten Arabischen Emirate haben sich in einem rasanten Tempo zur Handelsdrehscheibe und zum Dienstleistungszentrum nicht nur des Nahen und Mittleren Ostens entwickelt. Und nicht nur hier ist die Entwicklung bemerkenswert. In Katar steht derzeit die größte Gasverflüssigungsanlage, im Sultanat Oman entstand eine der modernsten Düngemittelfabriken und Saudi-Arabien verfügt über modernste Meerentsalzungsanlagen. Auch imposante Projekte der Vergangenheit, wie der ägyptische Assuan-Staudamm oder das weltweit größte Trinkwasser-Pipeline-Projekt «great man made river»-Projekt in Libyen sind an dieser Stelle exemplarisch zu nennen.

Für die Weltwirtschaft ist diese Region vor allem wegen ihres Reichtums an Öl- und Gasvorkommen von Bedeutung. Hier befinden sich 68 Prozent der nachgewiesenen Öl- sowie 45 Prozent der Erdgasreserven der Welt. Nicht nur der hohe Ölpreis hat zu dem Wirtschaftswachstum der Region beigetragen. Auch die forcierte Diversifizierung einiger Staaten, wie beispielsweise der Vereinigten Arabischen Emirate (VAE), Algerien und Katar, mit dem Ziel, die Abhängigkeit von Öl und Erdgas zu reduzieren, hat bereits Früchte getragen. Nach Angaben der Weltbank vom April 2005 verzeichnete die Region in den Jahren 2003/2004 mit einem durchschnittlichen Wachstum von 5,6 Prozent das höchste Wachstum in der Dekade. Im Jahr 2006 stieg das Bruttosozialprodukt der 22 Staaten der Arabischen Liga auf 747,2 Milliarden US-Dollar, 1999 lag es noch bei erst 531,2 Milliarden US-Dollar. Das 2003/2004 erzielte Wachstum pro Kopf war mit 3,7 Prozent das höchste seit den Siebzigerjahren[1].

Natürlich profitieren nicht alle arabischen Staaten gleichermaßen davon. Und angesichts der hohen Bevölkerungsraten sind diese Wachstumsraten immer noch zu gering. Nach einer Studie der International Labour Organisation (ILO) besteht in der Region die höchste Jugendarbeitslosigkeit mit 26 Prozent. Über die Hälfte der Menschen in der arabischen Welt sind jünger als 25 Jahre[2]. Nach Einschätzungen der Weltbank steht die Region zweifelsohne vor großen Herausforderungen. «Niemand kann akzeptieren, dass die arabischen Staaten im Stillstand verharren, während sich die Welt um sie herum rasch verändert. Wir befinden uns im 21. Jahrhundert und müssen uns auf die Veränderungen einstellen, welche die Informationstechnologie sowie die Interaktion zwischen Gesellschaft,

Wirtschaft und Politik verursachen. Die arabische Welt wird sich entwickeln, sich ändern, sich reformieren – genauso wie dies alle anderen Staaten auch versuchen», so Amre Moussa, Generalsekretär der Arabischen Liga[3].

Strukturpolitische Reformen schaffen verbesserte wirtschaftliche Rahmenbedingungen. Auch die innerarabische Wirtschaftsintegration hat sich nach Einschätzung der Weltbank verbessert und zum Abbau von Zöllen in der Region geführt. Im Rahmen von regionalen und bilateralen Abkommen (siehe ab Seite 24) sind die Zölle durchschnittlich von 22 Prozent (2000) auf 15 Prozent (2005) gesunken. Die am 1. Januar 2005 in Kraft getretene Arabische Freihandelszone (GAFTA/PAFTA, siehe Seite 26) hat das Ziel, ihren Teil zum Abbau von Handelsschranken und Investitionshemmnissen zwischen den arabischen Staaten und zur Förderung der wirtschaftlichen Integration zu leisten. Die Wirtschaftskraft der Gesamtregion, gemessen am Bruttoinlandsprodukt (BIP) zu Marktpreisen, betrug 2004 rund 1,093 Milliarden US-Dollar. Zu den Ländern mit den höchsten Wachstumsraten des BIP zählen nach Angaben des Internationalen Währungsfonds (IWF) Katar mit 9,3 Prozent, Tunesien mit 5,6 Prozent, Bahrain mit 5,5 Prozent und Jordanien mit 5,5 Prozent.

Der arabische Markt ist ein attraktiver Zukunftsmarkt. Und Produkte sowie Dienstleistungen aus dem deutschsprachigen Raum haben einen exzellenten Ruf. So steht das Gütesiegel «Made in Germany» nach wie vor hoch im Kurs und erfreut sich wachsender Nachfrage bei einem Markt von rund 300 Millionen Einwohnern und einer Region, die ihre Volkswirtschaften stärker diversifizieren wird. Hierdurch ergeben sich zahlreiche Chancen.

Die Marktpotenziale sind vor allem im Konsumgüter- und Investitionsgüterbereich sowie bei den Dienstleistungen sehr groß. Bislang bieten die VAE, Saudi-Arabien, Ägypten, Kuwait und Algerien die wichtigsten arabischen Absatzmärkte für Produkte aus dem deutschsprachigen Raum. Insbesondere in den Wachstumsbranchen der arabischen Welt, wie der Erdgasindustrie und Petrochemie, Wasser- und Abfallwirtschaft, Umweltsektor, Energie- und Kraftwerke, erneuerbare Energie, Nahrungsmittelverarbeitung, Infrastruktur und Transportwesen, Telekommunikation, Tourismus, Finanzsektor oder der Bauindustrie, bieten sich gute Marktchancen. Deutschsprachiges Know-how und Produkte sind gefragt, ob im Maschinen- und Anlagenbau, der Medizintechnik, der Pharmaindustrie, Biotechnik, Umwelttechnik, Sicherheitstechnik, im Tourismus oder im Bereich der Aus- und Weiterbildung. All diese Branchen, um nur einige zu nennen, bieten ein großes Entwicklungspotenzial, das es zu nutzen gilt.

Um die Geschäfte sicher und zielführend vor Ort realisieren zu können, ist interkulturelle Kompetenz unverzichtbar. Dabei handelt es sich keineswegs um eine «nice to have»-Qualifikation, sondern um eine strategische Notwendigkeit. Ziel des vorliegenden Buches ist es, Sie mit der Vielfalt der arabischen Geschäftskultur vertraut zu machen. Sie erhalten wertvolle Tipps und Tricks aus der Praxis, wie Sie Ihr Business im arabischen Raum optimal gestalten, Ihre Geschäftskontakte sicher führen und die gängigsten Fehler vermeiden.

Dieses Buch soll aber vor allem neugierig machen auf den Reichtum und die Vielfalt der Kulturen im arabischen Raum, denn Neugier, Aufgeschlossenheit und Empathie sind, um mit Cees Beniers zu sprechen, die wichtigsten Voraussetzungen für geschäftlichen Erfolg im Ausland. Und schließlich sind Wirtschaft und Handel geradezu prädestiniert, Brücken zwischen den Kulturen zu bauen – in Zeiten wie diesen ein hochnotwendiges Unterfangen auf beiden Seiten.

> «Internationaler Handel war über Jahrhunderte hinweg ein Mittel zum kulturellen Austausch mit anderen Völkern.»
> *S.E. Khalifa bin Ali Al-Harthy, Botschafter des Sultanats Oman in Deutschland*

Dieses Buch versteht sich nicht als Rezeptbuch. Es kann keine standardisierten Verhaltensregeln geben, die Erfolg garantieren. Ihr Geschäftserfolg wird sich nicht allein daran messen, ob Sie die Visitenkarte, wie im arabischen Raum üblich, nicht mit der linken Hand übergeben. Vielmehr geht es um eine grundlegende Sensibilisierung für die eigene und die arabische Kultur und darum, die eigene Handlungskompetenz zu erweitern, je nach Situation und Individuum flexibel im fremdkulturellen Kontext interagieren zu können. Die hier vorgestellten Beispiele orientieren sich an der Praxis und stellen lediglich Handlungsmöglichkeiten vor. Zudem ist es unerlässlich, sich zusätzlich über die politischen, kulturellen und wirtschaftlichen Eckdaten des jeweiligen arabischen Ziellandes zu informieren.

Die Transkription der arabischen Begriffe erfolgt entweder in der eingedeutschten Schreibweise oder in der Weise, wie sie vor Ort verwendet wird, entweder nach französischem oder englischem System. Daher können sich Unterschiede in der Schreibweise ein und desselben arabischen Begriffes/Namens ergeben, wie Hischam (deutsche Schreibweise), Hichem (französische Schreibweise), Hisham (englische Schreibweise).

Wenn Sie am Ende des Buches wissen, wo die berühmten Fettnäpfchen lauern, dann ergeht es Ihnen nicht, wie einem deutschen Geschäftsmann, der seinem Geschäftspartner aus Abu Dhabi kurz vor einem Erfolg versprechenden Vertragsabschluss versicherte, er freue sich, künftig am Persischen Golf Geschäfte machen zu können, worauf sein arabisches Gegenüber ärgerlich die Geschäftsbeziehungen abbrach. Denn: Aus arabischer Sicht handelt es sich um den Arabischen Golf und nicht um den Persischen Golf.

In diesem Sinne –
Viel Spaß bei der Lektüre!

1. Business with «the» Arabs?

Zur Vielfalt der arabischen Welt

Um es gleich vorwegzunehmen: Es gibt ihn nicht, «den» arabischen Geschäftspartner. Es gibt den Geschäftspartner etwa aus Marokko, Ägypten, dem Libanon oder den Vereinigten Arabischen Emiraten. Und Marokko ist nicht Ägypten, Ägypten nicht der Libanon und der Libanon nicht die Vereinigten Arabischen Emirate. Die geografische, politische, kulturelle, wirtschaftliche und soziale Vielfalt der Staaten Nordafrikas und des Nahen und Mittleren Ostens ist kaum unter einen Begriff zu fassen. Das, was in der Literatur als Orient oder als arabische Welt bezeichnet wird, umfasst Länder, die mehrere tausend Kilometer voneinander entfernt liegen. Warum dann die Bezeichnung «Arabische Welt»? Bei einem Treffen arabischer Staatsmänner vor vielen Jahren wurde der Begriff «Araber» folgendermaßen definiert: «Araber ist ein jeder, der in unserem Lande lebt, unsere Sprache spricht, in unserer Kultur aufgewachsen und auf unsere ruhmreiche Vergangenheit stolz ist.»[1]

Die Bedeutung des Wortes «Araber» hat in seiner Geschichte zahlreiche Veränderungen erfahren, sodass es, wie Lewis bemerkt, «nur selten möglich war, seinen Inhalt absolut und endgültig zu definieren».

Die älteste Überlieferung des Begriffes stammt von einer assyrischen Inschrift aus dem Jahre 853 v. Chr., in der von einem aufständischen Prinzen mit dem Namen *Gindibu*, der *Aribi*, die Rede ist. In der Folge tauchten die Begriffe *arabi*, *arabu* oder *urbi* zur Bezeichnung eines nomadischen Volkes auf, das in der nördlichen Region der arabischen Halbinsel angesiedelt war. Unterschieden wurde diese Gruppe zur damaligen Zeit von den sesshaften Bewohnern im Südwesten der arabischen Halbinsel, den Sabäern.

Das etymologische Lexikon der arabischen Sprache *Lisan al-ʿArab* (Sprache der Araber) unterscheidet zwischen *aʿrab* und *ʿarab*. Als *aʿrab* wurden und werden die Nomaden bezeichnet, als *ʿarab* die sesshaften Bewohner der Dörfer und Städte. Allen gemein war die arabische Sprache, die im weiteren Verlauf auch als das zentrale Kriterium der Zugehörigkeit zu dem Begriff «Araber» herangezogen wurde, ungeachtet, ob es sich um Nomaden oder Sesshafte handelte. Mit dem Begriff *ʿajam* wurden die Nichtaraber bezeichnet, wie etwa die Perser.

Arabisch ist die Sprache, in welcher der Koran offenbart worden war, sie hat daher für Muslime eine besondere, eine sakrale Bedeutung. Die sprachliche Unnachahmlichkeit des Koran ist Glaubenssatz (siehe Kapitel 10, Seite 134 ff.).

Mit der Ausbreitung des Islam avancierte die arabische Sprache zur *lingua franca*, zur zentralen Verwaltungs-, Handels-, Literatur- und Kultursprache. In der Folge entstand eine als arabisch-islamisch bezeichnete Zivilisation, die in der Mehrheit vom kollektiven Bewusstsein auch entsprechend als gemeinsames arabisches Erbe betrachtet wird.

Wenn wir von der arabisch-islamischen Zivilisation sprechen, so ist zu beachten, dass diese unter Mitwirkung vieler Völker, wie der Araber, Berber/Imazighen, Perser, Kurden, Assyrer, Armenier, Aramäer, Tscherkessen/Adyge, Turkmenen, Nubier und anderer sowie Mitglieder anderer Religionen, etwa der Christen, Juden oder Zoroastrier, entstanden ist. Das Mosaik der arabisch-islamischen Zivilisation hat viele unterschiedliche Elemente, die erst in ihrer Gesamtheit ein komplettes Bild ergeben. In dem Miteinander verschiedener ethnischer und religiöser Gruppen entstand in den Grenzen des islamischen Reiches seit dem siebten Jahrhundert eine Zivilisation, deren wichtigstes Kommunikationsmittel die arabische Sprache und deren zentrales Erscheinungsbild vom Islam geprägt war. Stets aber war diese Region von diversen ethnischen und religiösen Einflüssen geprägt und ist daher keinesfalls als homogenes Ganzes zu verstehen.

Am Beispiel der arabischen Sprache selbst lässt sich das Spannungsverhältnis von Vielfalt und Einheit exemplarisch darstellen. Das Arabische ist heute Staatssprache in 22 Ländern von Mauretanien über Nordafrika bis zum Irak und Oman mit etwa 300 Millionen Menschen. Aber Arabisch ist nicht gleich Arabisch. Man unterscheidet:

1. klassisches Hocharabisch,
2. modernes Hocharabisch/Standardarabisch und
3. arabische Regionaldialekte.

Klassisches Hocharabisch *(fusha)* ist die Sprache, in der, wie oben erwähnt, der Koran offenbart wurde. Sie hat sich seit den Lebzeiten des Propheten Muhammad im sechsten Jahrhundert nicht verändert. Anders als etwa in der Entwicklung vom Alt- zum Neuhochdeutschen hat es hier kaum phonetische, morphologische oder syntaktische Veränderungen gegeben. Klassisches Hocharabisch zu beherrschen gehört bis heute zum klassischen Bildungsideal, für den gläubigen Muslim hat die Kenntnis des Hocharabischen stets auch eine religiöse Konnotation.

Auf der Grundlage des klassischen Hocharabisch hat sich das moderne Hoch- oder auch Standardarabisch entwickelt, mit einer etwas vereinfachten Grammatik und modernen Vokabeln. Modernes Standardarabisch wird heute im gesamten arabischen Raum im offiziellen Kontext verwendet, etwa in den Medien, der Wissenschaft, der Politik und im innerarabischen Handel. Es wird in den Schulen als Unterrichtsfach gelehrt.

Schließlich gibt es verschiedene arabische Regionaldialekte, die überwiegend nur gesprochen werden. Dieses Umgangsarabisch hat sich in der Alltagskommunikation weitgehend durchgesetzt und variiert stark je nach Region. Sprechen ein Marokkaner und ein Omani in ihren jeweiligen Regionaldialekten miteinander, so werden sie

Schwierigkeiten in der Verständigung haben, wie wenn das Platt eines Friesen auf das Oberbayrisch eines Bayern trifft. Moin, Grüß Gott und Hallo. Ein arabisches Beispiel: «Wie geht es dir?» heißt in modernem Hocharabisch in Bezug auf einen Mann: *kaifa haluka*. In den regionalen Ausprägungen gibt es unter anderem folgende Varianten:

- *la bas* – Marokko, Tunesien, Libyen
- *wash rak* – Algerien
- *izzayak* – Ägypten
- *shlonak* – Libanon, Syrien, Irak, arabische Golfstaaten
- *kef halak* – Jemen

Und damit nicht genug. Vor allem im Maghreb, wo infolge der französischen Kolonialzeit immer noch in weiten Teilen Französisch als Verwaltungs- und Bildungssprache genutzt wird, wurde seit den Sechzigerjahren eine gezielte Arabisierungspolitik durchgeführt, mit zwar wachsendem, aber nach wie vor wenig durchschlagendem Erfolg. So spricht man vielerorts Französisch, Berberisch/Tamazight oder den arabischen Regionaldialekt *(darija)*, in den seltensten Fällen aber modernes Hocharabisch. Um korrekten Arabischunterricht durchzuführen, wurden in den Sechzigerjahren eigens Lehrer zum Beispiel aus Syrien in den Maghreb versetzt. Und noch heute trägt so manche «hocharabische» Rede eines marokkanischen, algerischen oder tunesischen Politikers durchaus charmante Züge. Durch die Verbreitung ägyptischer Filme im gesamten arabischen Raum wird der ägyptische Dialekt vielerorts verstanden.

Apropos klassisches Hocharabisch. Es war die Variante, die wir damals in der deutschen Islamwissenschaft an der Universität gelehrt bekamen. Bei meinem ersten Kairo-Aufenthalt vor vielen Jahren wurden mir jedoch schnell die Grenzen des mühsam Erlernten aufgezeigt. So stieg ich am Flughafen in ein Taxi und formulierte vorsichtig mit einer Mischung aus Neugier und Stolz die arabischen Worte *uridu an adhaba ila qalbi-l-madinati*. Ein kurzes Schweigen aufseiten des Taxifahrers. Dann drehte er sich nach hinten zu mir um und schenkte mir sicherlich sein freundlichstes und breitestes Lächeln, bevor er in schallendes Gelächter verfiel und sichtlich entzückt ob meiner grammatikalischen Künste fragte: «Where do you come from? Where did you learn Arabic?» Das, was ich auf Hocharabisch formuliert hatte, bedeutete in etwa: «Ich wünsche in das Herz der Stadt zu gehen.» Sicher, grammatikalisch einwandfrei – dafür hatte ich seine Hochachtung –, aber eben reichlich antiquiert. Und als ich ihm dann in ebenfalls sehr geziertem Arabisch erklärte, dass ich aus Deutschland komme, da entgegnete er in akzentfreiem Deutsch: «Wo darf ich Sie denn hinfahren?» So viel zur praktischen Anwendbarkeit von *fusha* im Alltagsleben.

So unterschiedlich die Regionaldialekte, so unterschiedlich sind die naturräumlichen Gegebenheiten innerhalb der arabischen Welt: Wüste, fruchtbare Ebenen, bewaldete Berge, Steppe. So unterschiedlich ist die lokale Architektur, die traditionelle Kleidung, die Küche. Und auch das Gefälle zwischen arm und reich variiert beträchtlich. So finden wir im arabischen Raum Staaten, die zu den reichsten der Welt zählen, wie Katar mit einem Bruttoinlandprodukt pro Einwohner von 39 607 US-Dollar und solche, die, als *LDC Countries* qualifiziert, zu den ärmsten zählen, wie gegenwärtig der Jemen mit einem Bruttoinlandsprodukt pro Einwohner von 586 US-Dollar[2]. Die Alphabetisierungsraten variieren ebenfalls beträchtlich. So verfügen Staaten wie Jordanien, Katar, Bahrain, Libanon, Libyen und Syrien über eine hohe Alphabetisierungsrate mit durchschnittlich rund 93 Prozent bei den Männern und rund 82 Prozent bei den Frauen[3] und Staaten wie Irak, Marokko, Ägypten und Jemen über eine deutlich geringere mit durchschnittlich 63 Prozent bei den Männern und rund 34 Prozent bei den Frauen[4]. Auch die städtische und ländliche Kultur unterscheidet sich in dieser Region, wie überall auf der Welt. Es gibt soziale und biografische Unterschiede. Und schließlich haben wir es auch mit unterschiedlichen politischen Systemen zu tun, etwa der konstitutionellen Monarchie, dem Emirat, der parlamentarischen Demokratie oder der Republik.

Jedes arabische Land hat sein eigenes, lokal geprägtes nationales Bewusstsein, seine eigenen Traditionen. So ist es wenig zielführend und ein regelrechter Fauxpas, wenn man in Marokko die ägyptischen Pyramiden als Teil der arabischen Zivilisation lobt oder aber die heimischen berberischen Lehmburgen (berberisch: *tighremt,* arabisch: *qasba*).

Auch wenn die arabische Sprache und der Islam in der Selbstsicht oft als verbindendes Band angeführt werden, so geschieht dies durchaus selektiv. So haben die Berber, die Urbevölkerung Nordafrikas, die sich selbst als *Imazighen*[5] bezeichnen, im Laufe der islamischen Eroberung zwar den Islam angenommen, in weiten Teilen aber ihre Sprache, das *Tamazight,* behalten. Und heute erlebt die berberische Sprache und Kultur eine regelrechte Renaissance auch im öffentlichen Raum von Marokko und Algerien[6]. Umgekehrt haben die Christen im arabischen Raum die arabische Sprache angenommen und als identitätsstiftendes Band bezeichnet, aber nicht den Islam. Unter den prominenten Vertretern des arabischen Nationalismus der 1930er- und 1940er-Jahre fanden sich zahlreiche Christen, wie unter anderen der Syrer und Mitbegründer der syrischen Baʻth-Partei, Michel Aflaq.

Individuelle und gruppenspezifische Zuschreibungen erfolgen immer situationsspezifisch und je nachdem, ob Abgrenzung oder Vergemeinschaftung erstrebt wird. So hat es stets vonseiten der arabischen Staaten die politische Vision gegeben, eine arabische Nation jenseits aller Staatlichkeit auf der Grundlage der verbindenden Elemente Islam und arabische Sprache zu gründen. Der von ihnen verwendete Begriff «Arabische Welt» *(al-ʻalam alʻ-arabi)* weist in diese Richtung und die Gründung der Arabischen Liga am 22. März 1945 in Kairo ist der institutionelle Ausdruck dieses Willens zur Schaffung einer arabischen Einheit *(al-wahda al-ʻarabiya).*

Viele Staaten der Region tragen die Bezeichnung «arabisch» in ihrem offiziellen Namen. Stärker aber als politische Willensbekundungen und Institutionen sind subjektiv empfundene Gemeinsamkeit und Zugehörigkeit zur arabischen Welt, etwa wenn die große ägyptische Sängerin Umm Koulthoum (1898–1975) aus den Fenstern in Rabat, Kairo, Beirut oder Muscat mit ihrem herzzerreißenden *ya habibi* (O mein Liebling) erklingt und die arabische Seele tanzt. Man sagt, sie habe mit ihren Liedern das erreicht, was Politiker nie vermochten: ein arabisches Wir-Gefühl zu erzeugen über die staatlichen Grenzen hinweg.

Bei allen Unterschieden gibt es also immer auch verbindende Elemente, gleiche Werte und Normen, die sich in Kulturstandards bündeln (siehe Seite 53). Fragt man einen muslimischen Marokkaner oder einen Omani, was er als einen wichtigen arabischen Kulturstandard bezeichnet, so fallen die Antworten sehr ähnlich aus: Islam, Familie, Gastfreundschaft und Ehre.

Zurück zu unserem Begriff «Arabische Welt». Steht diese Bezeichnung stets im Spannungsverhältnis von Differenzierung und Standardisierung, so findet er hier dennoch Verwendung, eingedenk der Notwendigkeit, einen kompakten Oberbegriff für den zu behandelnden Raum zu bestimmen. Als arabische Welt werden hier nicht die 22 Staaten der Arabischen Liga zugrunde gelegt[7], da nicht alle in unserem Kontext von Bedeutung sind, sondern folgende Länder: Marokko, Algerien, Tunesien, Libyen, Ägypten, die Palästinensischen Autonomiegebiete, Jordanien, Libanon, Syrien, Irak, Kuwait, Bahrain, Katar, Vereinigte Arabische Emirate, Oman, Saudi-Arabien und Jemen. Sie zählen neben den nichtarabischen Staaten Iran, Türkei und Israel zur MENA-Region (Middle East and North Africa), ein Begriff, der für diese Region ebenfalls häufig Verwendung findet. Berber/Imazighen, Kurden und Perser sind keine Araber. Im Umgang sollte daher stets auf den jeweiligen ethnischen Hintergrund geachtet werden.

Maghreb und Mashrek

Innerhalb der arabischen Welt gibt es eine Zweiteilung, die bereits von berühmten arabischen Geografen wie al-Bakri (1010–1094 n. Chr.) vorgenommen wurde: Maghreb und Mashrek. Der Begriff Maghreb ist abgeleitet von dem arabischen Wort *gharaba*, bedeutet

«Ort des Sonnenuntergangs» und bezeichnet den Westen der arabischen Welt. Heute umfasst er die Staaten Marokko, Algerien, Tunesien, Libyen und Mauretanien. Marokko, das Land im äußersten Westen trägt auch heute noch die arabische Bezeichnung *maghreb al-aqsa* (der äußerste Westen).

Mashrek ist das Gegenstück, bedeutet auf Arabisch «Ort des Sonnenaufgangs» (*sharaqa* = aufgehen [Sonne]) und bezeichnet den Osten der arabischen Welt. Heute umfasst er die Staaten Ägypten, Jordanien, die Palästinensischen Autonomiegebiete, Libanon, Syrien, Irak, Saudi-Arabien, Kuwait, Bahrain, Katar, Vereinigte Arabische Emirate, Oman und Jemen.

Die historische Trennlinie zwischen Maghreb und Mashrek verlief westlich der libyschen Wüste. Tripolitanien und der Fezzan gehörten zum Maghreb, die Cyrenaika und die Kufa-Oasen zum Mashrek. Heute verläuft die Grenze zwischen Libyen und Ägypten, man nennt sie augenzwinkernd auch Couscous-Linie. Während Couscous eines der traditionellen Gerichte im Maghreb ist, wird man es auf den Speisekarten des Mashrek vergebens suchen, hier isst man vorzugsweise Reis.

Der Mashrek ist seinerseits nochmals untergliedert – allerdings eher informell. So unterscheidet man nochmals die Staaten der arabischen Halbinsel, Saudi-Arabien und Jemen sowie die Arabischen Golfstaaten, nach britischem Vorbild auch die «fünf kleinen Arabischen Golfstaaten» genannt, mit Kuwait, Bahrain, Katar, Vereinigte Arabische Emirate und Oman. Ein Golfaraber würde sich eher selten als dem Mashrek zugehörig bezeichnen, denn als dem Golf, arabisch: *khalij.*

Maghreb und Mashrek unterscheiden sich linguistisch und kulturell, vor allem aber auch in der Selbstsicht. In der gegenseitigen Wahrnehmung gibt es viele Nuancen, so bezeichnen Araber aus dem Mashrek ihre Brüder aus dem Maghreb oft als Hinterwäldler und umgekehrt. Insbesondere Marokko galt den Ostarabern immer schon als geheimnisvoller, undurchsichtiger und im wörtlichen Sinne entlegendster Ort. Die Einflüsse der Kolonialmächte, allen voran England und Frankreich, haben in beiden Regionen unterschiedlich prägende Einflüsse hinterlassen. So war der Maghreb, mit Ausnahme von Libyen, überwiegend französisch geprägt[8], der Mashrek mit Ausnahme von Syrien und dem Libanon vornehmlich unter englischer Einflussnahme. Der jeweilige Einfluss mit seinen kulturellen Implikationen ist bis heute spürbar. Es hat zudem immer auch regionale Bestrebungen zur Schaffung von einheitlichen Wirtschaftsräumen und Freihandelszonen gegeben, ein Ausdruck hiervon sind der Gulf Cooperation Council oder die Arabische Maghreb-Union (siehe Seite 27). Man sollte sich dieser Binnendifferenzierung stets bewusst sein, sie aber auch nicht überbetonen.

Intra-arabische Wirtschaftsintegration

Nachfolgend sind die wichtigsten arabischen Wirtschaftsorganisationen und -zusammenschlüsse sowie Abkommen der arabischen Welt nach Gründungsdatum aufgelistet:

- *Council of Arab Economic Unity (CAEU):* 1957 wurde vom Wirtschaftsrat der Arabischen Liga (AL) das «Abkommen über die arabische Wirtschaftseinheit» auf den Weg gebracht. Als Ziel nannte der Vertrag die Freiheit des Personen- und Kapitalverkehrs einschließlich der Niederlassungsfreiheit, die Freiheit des Warenverkehrs, die Freiheit von Transport und Transit sowie das Recht auf Eigentum, Vermächtnis und Erbe. Das Abkommen enthielt keine konkreten Durchführungsbestimmungen oder einen Zeitplan für die Realisierung. Ein Programm für die Implementierung sollte nach Inkrafttreten des Abkommens von dem gemäß Artikel 3 zu gründenden Council of Arab Economic Unity (CAEU) ausgearbeitet werden. Unterzeichnet wurde das Abkommen von Ägypten, Jordanien, Marokko, Syrien, Irak, Nordjemen, Libyen, Mauretanien, der PLO, Somalia, Sudan, Südjemen und den VAE. 1964 wurde der CAEU gegründet und die Errichtung des Gemeinsamen Arabischen Marktes (GAM) als Vorstufe zur Realisierung der arabischen Wirtschaftsunion beschlossen. Ziel des GAM waren der schrittweise Abbau der

Zölle, Abgaben und administrativer Beschränkungen für Agrarerzeugnisse und Rohstoffe innerhalb von fünf Jahren und für Industriegüter innerhalb von sieben Jahren. Unterzeichnet wurde dieses Abkommen von Ägypten, Irak, Jordanien, Syrien, Libyen, Mauretanien und Südjemen. Der Sitz des CAEU ist Kairo. In den Achtzigerjahren verlor der CAEU weitgehend an Bedeutung. 2002 wurde mit dem «Agreement of Encouragement and Protection of Investment and Transfer of Capitals among the Arab Countries» ein neues Investitionsschutzabkommen verabschiedet. Der CAEU ist zwar aus der Arabischen Liga hervorgegangen, arbeitet aber unabhängig von ihr. *www.caeu.org.eg*

- *Arab Fund for Economic and Social Development (AFESD):* Der AFESD wurde 1968 durch den Wirtschaftsrat der Arabischen Liga gegründet. Er hat seine Arbeit 1974 aufgenommen. Sein Sitz ist in Kuwait. Mitglied sind alle Staaten der Arabischen Liga mit Ausnahme der Komoren. Der AFESD finanziert wirtschaftliche und soziale Entwicklungsprojekte in den Mitgliedsstaaten durch Darlehen an Regierungen, Förderung privater und öffentlicher Fonds sowie durch die Bereitstellung technischer Hilfe. *www.arabfund.org*

- *Organization of Arab Petroleum Exporting Countries (OAPEC):* Die OAPEC wurde 1968 in Beirut gegründet. Gründungsmitglieder waren Kuwait, Libyen und Saudi-Arabien. Ziel war die Koordinierung der arabischen Ölindustrie. Sitz ist heute Kuwait. Die OAPEC ist die Organisation der arabischen Erdölexportierenden Staaten. Die Mitglieder kontrollieren insgesamt rund 50 Prozent der weltweiten Ölreserven. Der OAPEC gehören heute folgende Mitglieder an: Ägypten, Algerien, Bahrain, Irak, Kuwait, Libyen, Katar, Saudi-Arabien, Syrien, Tunesien, Vereinigte Arabische Emirate. *www.oapec.org*

- *Arab Monetary Fund (AMF):* Der AMF wurde auf Initiative der Arabischen Liga 1976 gegründet und hat seine Tätigkeit 1977 aufgenommen. Sein Sitz ist in Abu Dhabi/VAE. Mitglieder sind alle 22 Staaten der Arabischen Liga. Die Ziele des AMF sind unter anderem finanzielle Koordination und Absicherung von multinationalen Entwicklungsvorhaben innerhalb der Mitgliedsstaaten, Stabilisierung der Wechselkurse und Konvertibilität zwischen arabischen Währungen, Beseitigung von Devisenverkehrsbeschränkungen bei laufenden Zahlungen. Fernziel ist eine einheitliche arabische Währung. *www.amf.org.ae*

- *Gulf Cooperation Council (GCC):* Der GCC wurde 1981 in Abu Dhabi/VAE durch Bahrain, Katar, Kuwait, Oman, Saudi-Arabien und die Vereinigten Arabischen Emirate gegründet. Sitz der Organisation ist Riyadh. Ziel ist die Zusammenarbeit in der Außen- und Sicherheitspolitik – die Mitglieder sind zu gegenseitigem Beistand im Verteidigungsfall verpflichtet – sowie die soziale und vor allem wirtschaftliche Kooperation. 1982 wurde im Rahmen des Unified Economic Agreement die Liberalisierung des Warenverkehrs und Kapitaltransfers zwischen den Mitgliedsstaaten beschlossen. Weitere Komponenten des Agreements sind unter anderem die Entwicklungszusammenarbeit und die Zusammenarbeit in den Bereichen Technik, Transport, Kommunikation und Finanzen. Seit dem 1. Januar 2003 besteht eine Zollunion. Bis 2010 ist die Einführung einer gemeinsamen Währung geplant. Gemessen an seiner wirtschaftlichen Bedeutung wäre derzeit der GCC-Währungsraum die bedeutendste supranationale Währungsintegration nach dem Euroraum. Seit 1989 besteht zwischen dem GCC und der EU ein Kooperationsvertrag. Gemäß Artikel 11 des Kooperationsvertrages haben sich die Parteien verpflichtet, über den Abschluss eines Freihandelsabkommens zu verhandeln. Der GCC ist derzeit der wichtigste Handelspartner der EU in der arabischen Welt. Auf ihn entfallen rund die Hälfte des gesamten Handels mit den arabischen Staaten und etwa 4 Prozent der Gesamtausfuhr der Europäischen Union in Drittländer. *www.gcc-sg.org*

- *Greater Arab Free Trade Area (GAFTA)/Pan-Arab Free Trade Area (PAFTA):* Das «Abkommen zur Erleichterung und Entwicklung des Handelsaustausches unter den arabischen Staaten» von 1981 sowie das 1997 vom Wirtschafts- und Sozialrat der Arabischen Liga verabschiedete «Durchführungsprogramm» mit dem Ziel der Gründung einer panarabischen Freihandelszone bilden die rechtliche Grundlage für die Errichtung einer Greater Arab Free Trade Area (GAFTA). Inzwischen wird von der Arabischen Liga neuerdings bevorzugt der Begriff Pan-Arab Free Trade Area (PAFTA) verwendet. Folgende 17 Staaten sind der GAFTA/PAFTA bislang beigetreten: Ägypten, Bahrain, Irak, Jemen, Jordanien, Katar, Kuwait, Libanon, Libyen, Marokko, Oman, Palästinensische Autonomiebehörde, Saudi-Arabien, Sudan, Syrien, Tunesien und die Vereinigten Arabischen Emirate. Mit der Entscheidung des Wirtschafts- und Sozialrates der Arabischen Liga im Februar 2002 wurde der Implementierungszeitraum der GAFTA/PAFTA von zehn auf acht Jahre verkürzt. Die Bestimmungen des Durchführungsprogramms zur Errichtung der GAFTA sehen einen graduellen Abbau der Zölle und Abgaben ähnlicher Wirkung für alle unter den GAFTA-Mitgliedern gehandelten Agrar- und Industriegüter sowie die Beseitigung aller nichttarifärer Handelshemmnisse innerhalb des Implementierungszeitraumes vor. Während einer Übergangsphase konnten auf Antrag einige Industriegüter sowie eine Auswahl von Agrarerzeugnissen im Rahmen des «Landwirtschaftlichen Kalenders» vom Abbau der Handelshemmnisse beziehungsweise dem graduellen Zollabbau ausgenommen werden. 2000 beschloss der Wirtschafts- und Sozialrat den Freihandel unter den Mitgliedern auf Dienstleistungen auszuweiten. Handelsabkommen auf bilateraler Ebene zwischen den Mitgliedsstaaten der GAFTA werden explizit unterstützt mit der Bedingung, dass die Liberalisierungsverpflichtungen der GAFTA als Mindestmaß gelten. Bei kontinuierlicher Umsetzung des Programms könnte künftig ein einheitlicher arabischer Wirtschaftsblock entstehen.[9]

www.arableagueonline.org
- *Union du Maghreb Arabe (UMA):* Die UMA wurde 1989 von

den fünf Maghreb-Staaten Algerien, Marokko, Mauretanien, Libyen und Tunesien gegründet. Sitz ist Rabat. Ziel der UMA ist die Kooperation der Mitgliedsstaaten im Bereich von Verteidigung, Sicherheit, Außen- und Innenpolitik, Wirtschaft und Kultur. Auch wenn sich die UMA in ihrem Gründungsvertrag die Errichtung einer Wirtschaftsunion zum Ziel gesetzt hat, so kam die UMA infolge politischer Differenzen zwischen den Mitgliedsstaaten bis heute nicht über den institutionellen Aufbau und den Abschluss einiger Rahmenabkommen sowie bilateraler Abkommen hinaus. *www.maghrebarabe.org*

* *Arab Cooperation Council (ACC):* Der ACC wurde 1989 in Bagdad gegründet von Ägypten, Irak, Jordanien und Jemen. Sitz ist Amman. Die Staatschefs der Länder ratifizierten eine Reihe von Abkommen unter anderem in den Bereichen Industrie, Landwirtschaft, Tourismus, Transport, Wohnungsbau, Gesundheit, Rechtswesen und Finanzen. Infolge der Kuwait-Krise 1990 spaltete sich der ACC in zwei Lager, Jordanien und Jemen vertraten eine pro-irakische Position, Ägypten stellte sich dagegen. Seither ist der ACC auf Eis gelegt.

* *Mediterranean Arab Free Trade Area (MAFTA):* In der Deklaration von Agadir im Mai 2001 vereinbarten Marokko, Tunesien, Ägypten und Jordanien die Errichtung einer Mediterranean Arab Free Trade Area (MAFTA)[10]. Das Abkommen zur Errichtung der MAFTA wurde im Februar 2004 von diesen vier Staaten im Beisein des Generalsekretärs der Arabischen Liga sowie dem damaligen Außenamtskommissar der EU in Agadir unterzeichnet. Das Agadir-Abkommen trat im Juli 2005 in Kraft. Voraussetzung für einen Beitritt zur MAFTA ist die Unterzeichnung eines Partnerschaftsabkommens mit der EU und die Mitgliedschaft in der GAFTA. Das Agadir-Abkommen bestimmt für ausgewählte Industriegüter den sofortigen Abbau der Zölle. Zudem verpflichten sich die Mitgliedsstaaten unter anderem zum Schutz geistiger Eigentumsrechte. Im Gegensatz zum GAFTA-Durchführungsprogramm verfügt das Agadir-Abkommen über ver-

bindlichere Regeln, so beispielsweise einen im Vertragstext verankerten Streitschlichtungsmechanismus. Die MAFTA wurde im Gegensatz zur GAFTA von Beginn an maßgeblich von der EU gefördert. Ein unter MEDA finanziertes Regionalprogramm unterstützt das Projekt der MAFTA.

• *Die Euro-Mediterrane Partnerschaft:* Die Euro-Mediterrane Partnerschaft wurde auf der Euro-Mediterranen Konferenz der Außenminister der EU und der Partnerländer 1995 in Barcelona ins Leben gerufen. Daher wird sie auch als Barcelona-Prozess bezeichnet. Gründungsmitglieder sind die EU-Mitgliedsstaaten sowie 12 von der EU ausgewählte Drittstaaten des Mittelmeers: Ägypten, Algerien, Israel, Jordanien, Libanon, Marokko, Malta, die Palästinensischen Autonomiegebiete, Syrien, Türkei, Tunesien und Zypern. Libyen verfügt über einen Beobachterstatus. Ziel ist die Schaffung eines «Raumes des Friedens, der Stabilität und des gemeinsamen Wohlstandes» im Mittelmeerraum. Der Barcelona-Prozess hat drei Säulen: Politische und sicherheitspolitische Partnerschaft, soziale, kulturelle und humane Zusammenarbeit sowie eine Wirtschafts- und Finanzpartnerschaft. Für 2010 wird die Schaffung einer Euro-Mediterranen Freihandelszone (EMFZ) anvisiert.

Im Rahmen des Barcelona-Prozesses wurden seither mit folgenden arabischen Staaten Assoziierungs- beziehungsweise Partnerschaftsabkommen geschlossen: Ägypten, Algerien, Jordanien, Libanon, Marokko, Palästinensische Autonomiebehörde und Tunesien. Die Verhandlungen über das Abkommen mit Syrien sind 2004 abgeschlossen worden. Ein Textentwurf wurde im Oktober 2004 paraphiert, ist jedoch bislang nicht unterzeichnet. Es besteht zudem ein Kooperationsvertrag mit den GCC-Staaten. Seit 2004 wird die Euro-Mediterrane Partnerschaft durch die Instrumente der Europäischen Nachbarschaftspolitik *(European Neighborhood Policy)* ergänzt. Das MEDA-Programm ist das zentrale Finanzierungsinstrumentarium der EU für die Implementierung der Euro-Mediterranen Partnerschaft.

2. Arabische Geschäftskultur: Eine lange Tradition

Weihrauchstraße, Sindbad der Seefahrer und der Souq

Handel und Mobilität prägten seit jeher das Wirtschaftsleben im heutigen arabischen Raum. Bereits die ersten Kulturen an den Ufern des Euphrat, Tigris und Nil unterhielten rege und weit verzweigte Geschäftskontakte. Im heutigen syrischen Raum kreuzten sich die großen Fernhandelsrouten, die Asien, Europa und Afrika schon damals miteinander verbanden.

Bereits vor der Antike bildete die arabische Halbinsel eine Drehscheibe des Welthandels. Auf der Weihrauchstraße, einer der ältesten Handelsrouten der Welt, wurde Weihrauch aus seinem Ursprungsgebiet Dhofar, im heutigen Oman, über den Jemen, Asir und den Hejaz zum Mittelmeerhafen von Gaza am Roten Meer beziehungsweise über die östliche Route nach Damaskus transportiert. Über diesen Karawanenweg gelangten auch die begehrten Luxusgüter wie Gewürze, Stoffe und Edelsteine aus Indien und Südostasien nach Syrien und Palästina. Insbesondere von Gaza aus wurden die Güter in der Antike nach Rom verschifft. Die Römer zählten zu den Hauptabnehmern des Weihrauchs, sie nannten das Herkunftsgebiet des kostbaren Rohstoffs auch *Arabia felix*, glückliches Arabien. Eine Bezeichnung, die der Jemen bis heute trägt.

Entlang der jeweiligen Handelsrouten entstanden blühende Handelsmetropolen, etwa Petra, die Hauptstadt der Nabatäer, deren prachtvolle Vergangenheit man noch heute in Jordanien anhand der imposanten Ruinen erahnen kann. Ebenso Palmyra im heutigen Syrien oder Babylon im heutigen Irak. Zu den wichtigen Hafenstädten zählten Basra (Irak), Jeddah (Saudi-Arabien), Gaza (Palästina) oder Alexandria (Ägypten). Vom neunten bis zum sechsten Jahrhundert v. Chr. beherrschte das levantinische Handelsvolk der Phönizier das Mittelmeer. Sie waren ausgezeichnete Seefahrer und gründeten zahlreiche Handelszentren und Kolonien, darunter Karthago im heutigen Tunesien. Ihre Handelsstraßen führten über das Mittelmeer bis nach England, wo sie Zinn von den Gruben der Halbinsel Cornwall kauften. Auch ihr Handelsimperium verband Orient und Okzident. Noch heute verweisen gerne vor allem libanesische, aber auch tunesische und libysche Geschäftsleute mit Stolz auf ihre phönizischen Wurzeln, galten ihre Vorfahren doch als besonders geschäftstüchtig.

Im Westen des heutigen arabischen Raumes sorgte der Transsaharahandel für den Handelsverkehr zwischen West- und Zentralafrika und dem Mittelmeer. Durch den Aufstieg des römischen Reiches erlebte der Transsaharahandel einen großen Aufschwung, da die Nachfrage nach Gold, Elfenbein, Sklaven und exotischen Tieren für die römischen Arenen stieg. Im Zuge dessen avancierte Leptis Magna in Tripolitanien im heutigen Libyen zur wichtigen Handelsmetropole. Auch wenn sich die Handelswege im Laufe der Zeit änderten, einige Handelsmetropolen in der Bedeutungslosigkeit versanken, etwa der Hafen Mokha am Roten Meer, und andere aufstiegen, so blieb die gesamte Region ein wirtschaftlicher Hub, um es in unsere heutigen Worte zu fassen.

Auch der Islam begünstigte den Handel in der Region, nicht nur infolge seiner positiven Wirtschaftsethik (siehe Seite 37 ff.). Die jährlich stattfindenden großen Pilgerkarawanen, die von Kairo und Damaskus zu den heiligen Stätten Mekka und Medina aufbrachen, vitalisierten und förderten den Warenaustausch. Zum einen wurden sie von Kaufleuten begleitet, zum anderen finanzierten viele Pilger ihre Pilgerfahrt mit dem Verkauf von Waren.

Während der Herrschaftszeit der Abbasiden (750–1258 n. Chr.)

erreichten Handel und Wirtschaft im arabischen Raum eine erneute Blüte. Die Handelsbeziehungen reichten vom Mittelmeer über Indien bis nach China. Begünstigt wurde diese Entwicklung auch durch die aufstrebende arabische Schifffahrt. Sie war zwar bereits in vorislamischer Zeit vor allem von südarabischen Seefahrern, Irakis sowie den Bewohnern der Mittelmeerküste erfolgreich betrieben worden, erstarkte jedoch erneut in großem Stil mit Ausbreitung des islamischen Reiches. Navigationsbücher belegen, dass die muslimischen Seefahrer bereits früh über genaue Kenntnisse der östlichen Meere verfügten, und es waren arabische Seefahrer, die als erste die Passage am Kap der guten Hoffnung fanden. Der wohl bekannteste unter ihnen war Sindbad der Seefahrer. Der Legende nach wurde er im 9. Jahrhundert n. Chr. in der omanischen Küstenstadt Sohar geboren. Der Kaufmann und Seefahrer Ibn Ishaq, so sein eigentlicher Name, genoss hohes Ansehen, war er doch mit nur wenigen Dinaren ausgezogen, um nach dreißig Jahren mit Schiffen voller unsagbarer Schätze zurückzukehren. Die in den Geschichten von Tausendundeiner Nacht verewigten Abenteuer des Sindbad mit unbezwingbaren Seeungeheuern waren vielleicht nur ein genialer Trick, Konkurrenten abzuschrecken und so das Monopol über den Seehandel in diesen Gewässern zu behalten. *Allahu a'lam* (Gott weiß es am besten).

Ob zu See oder zu Land, muslimische Kaufleute bereisten die wirtschaftlich interessanten Regionen der damaligen Zeit und importierten alle erdenklichen Waren wie kostbare Seide, Gewürze, Papier, Holz, Zinn, exotische Tiere oder Zobelfell aus dem «Land der Rus», also der Ostslawen, entweder zum Eigengebrauch oder zum Weiterexport. Bereits im achten Jahrhundert hatten sich muslimische Kaufleute auch in China etabliert.

Zum Ende des zehnten Jahrhunderts entstanden entlang der Fernrouten Rast- und Lagerhäuser, die mit dem persischen Begriff Karawanserei (abgeleitet von Persisch *kervan* = Geschäftsschutz) oder arabisch als *khan* oder *funduq* bezeichnet wurden[1]. Sie boten den Reisenden sogar den Luxus eines Bades. Als Fondaco *(casa fon-*

daco) benannte man später in Venedig die nach diesem Vorbild entstandenen Handelshäuser. Große Karawansereien dienten zugleich als Warenlager und Handelsplatz für Import und Exportwaren. Der große Weltreisende Ibn Batutta beschrieb im 14. Jahrhundert einen *Khan* auf der Strecke von Kairo nach Damaskus wie folgt: «Nach jeder Tagesetappe findet man an dieser Strecke ein Rasthaus, das sie ‹khan› nennen, wo sich die Reisenden mit ihren Tieren niederlassen. Diese Khane sind in hohe Mauern eingefasst und haben einen einzigen Eingang. Ihr Hof ist von Ställen und Schlafnischen gesäumt. Sie verfügen über einen öffentlichen Brunnen und über einen Laden, in dem jeder kaufen kann, was er für sich und seine Tiere brauchen kann.»

Schutz fanden die reisenden Kaufleute in der Karawane. Die Mitglieder einer Karawane schlossen ein temporäres Schutzbündnis, das heilig war und von allen streng zu befolgen war. Nur so war die Karawane auf den unsicheren Routen vor Raubüberfällen geschützt.

Zur Zeit der Abbasiden wurde Bagdad als politisches und kulturelles Zentrum neben Basra zur wichtigsten Handelsmetropole des islamischen Reiches. Zahlreiche kommerzielle Techniken wurden weiterentwickelt beziehungsweise neu eingeführt, so auch der bargeldlose Zahlungsverkehr in Form von Wechselbriefen, im arabischen *shakk* genannt, ein Wort, das uns doch irgendwie bekannt vorkommt, oder auch Kreditbriefe, die wie Reiseschecks im gesamten Reich eingelöst werden konnten. Handelsgesellschaften entstanden, und die weit verzweigten Handelsnetze festigten sich, nicht zuletzt auch durch die Verbreitung der arabischen Sprache als zentrale Handels- und Verwaltungssprache im gesamten islamischen Reich der Abbasiden.

Auch wenn die Handelstätigkeit mit Westeuropa zur Zeit der Abbasiden im Vergleich zu Indien, China, Zentralasien oder Russland eher gering ausfiel, so ist belegt, dass syrische Händler im siebten und achten Jahrhundert auch in Städten wie Paris, Lyon, Bordeaux oder Mainz Handel trieben. So staunte im zehnten Jahrhundert ein arabischer Reisender sehr, der die arabische Delegation an den Hof von Otto I., dem Kaiser des Heiligen Römischen Reiches, begleitet hatte, als er von einem Kaufmann in Mainz, «dieser Stadt im Frankenlande an einem Fluss, der Rin genannt wird», arabische Münzen mit kufischer Inschrift erhielt. «Seltsam ist auch, dass es dort Gewürze gibt, die nur im fernsten Morgenlande vorkommen, während Mainz im fernsten Abendland liegt.»

Umgekehrt besuchten auch Kaufleute aus Lyon, Konstanz oder Nürnberg die großen Handelsplätze von al-Andalus wie Cordoba, wo sie mit arabischer Handelstradition in Berührung kamen. Ein Teil des Handels mit Nordeuropa wickelte sich auch über Russland ab. Der Chronist Ibn Fadlan beschreibt die Rus als «hochgewachsen wie Dattelbäume, blond und von rosiger Gesichtsfarbe».

Es war Venedig, das im zehnten Jahrhundert den Orienthandel ausbaute und die Handelsbeziehungen mit dem Orient festigte. Fand ein reger Handelsverkehr zunächst mit Nordafrika statt, so erwirkten die Venezianer schließlich wichtige Handelsabkommen und -privilegien mit den Handelsmetropolen der Levante. Venezianische Schiffe steuerten nun die Häfen der Levante und Ägyptens an. Genua, Pisa und Amalfi folgten.

Der Levantehandel begründete maßgeblich den Reichtum Venedigs und seine Rolle als größte Wirtschaftsmacht des damaligen Abendlandes.

Es waren auch die arabischen Pfefferkörbe und andere Spezereien, Baumwoll- und Seidenballen, die den legendären Aufstieg der Augsburger Fugger zur einflussreichsten Wirtschafts- und Finanzmacht bis ins 16. Jahrhundert mitbegründet haben.

Spezereien, Edelsteine oder kostbare Stoffe gelangten so nach Europa im Tausch gegen Holz, Hanf und Teer zum Bau von Schiffen, Edelmetalle wie Kupfer, Zinn, Blei, Quecksilber oder Eisen. Wurden die Handelsbeziehungen mit Westeuropa durch die Eroberungskriege zunächst wieder unterbrochen, so verfestigten sie sich erneut und verfügen bis heute über eine lange Tradition.

Schon immer wurde der Import im arabischen Raum mehr gefördert als der Export eigener Produkte. Da sich die lokale Produktion auch infolge von Ressourcenknappheit stets in Grenzen hielt, war es für das wirtschaftliche Überleben notwendig, die begehrten Güter zu importieren oder weiter zu exportieren. Tauschgüter, aber auch große Gold- und Silbervorkommen auf der Sinai-Halbinsel, in Khorassan, Nubien und Westafrika ermöglichten den Import. Heute ist es vor allem das Öl. Wohlstand und Reichtum waren im arabischen Raum stets eng mit Handel verbunden. Lebendigster Ausdruck dieser arabischen Handelstradition ist bis heute der Souq. Das ist «der Ort, zu dem man Waren führt», so die Bedeutung des arabischen Wortes *souq* oder des persischen Pendants *bazar*. In dem Gassengewirr bieten Verkäufer ihre Waren an, ob kunstvoll aufgetürmte Orangen, herrlich duftende exotische Gewürze, edle Stoffe, betörende Duftessenzen, kostbare Handwerkskunst, goldenes und silbernes Geschmeide, kunstvolle Kleider, Schleier neben Spitzenunterwäsche oder grell bunte Plastikschüsseln made in China für den Alltagsgebrauch. Es gibt einfach alles, was das Herz begehrt. Noch heute ist diese Tradition in allen arabischen Metropolen lebendig und hat sich neben den modernen Shopping Malls erhalten, ob in den ehrwürdigen und traditionsreichen Souqs von Fes, Marrakesch, Tunis, Kairo, Beirut, Damaskus, Aleppo, Bagdad, Sanaa oder Mutrah im Sultanat Oman.

Sie alle folgen dem gleichen Ordnungsprinzip, haben alle mehr oder weniger die gleiche, uralte Struktur. Was für den unwissenden Beobachter als schier endloses, ungeordnetes und labyrinthartiges Gebilde verwinkelter Gassen und Gässchen erscheint, entpuppt sich bei näherem Hinsehen als sinnvoll durchstrukturiertes Ganzes. Jede Ware hat ihren Platz, denn die räumliche Anordnung erfolgt nach Gewerben beziehungsweise Zünften. Da gibt es die Gassen für Schmuck, die Gassen für Hausrat, die Gassen für Gewürze. Laden an Laden auf engstem Raum, die Konkurrenz direkt gegenüber. Eine verbraucherfreundliche Anordnung, denn so kann man Waren und Preise direkt vergleichen. Apropos Konkurrenz, erstaunlicherweise hält sich diese in Grenzen, denn nicht selten wird die nicht vorhandene Ware dezent und für den Kunden kaum merkbar beim Nach-

35

barn geordet. Eine solche Situation zum Nachteil des Nachbarn auszunutzen, gilt als Schande, als '*aib*.

Beaufsichtigt wurden und werden die Souqs zum Teil bis heute von dem *muhtasib*, dem Marktaufseher. Dieser Beamte, der zugleich auch über religiöse Autorität verfügte, kontrollierte die Münzen und Maße, die Qualität der Waren und sorgte für die Einhaltung von Hygienevorschriften.

Im neunten Jahrhundert bildete sich auf den Märkten auch ein Bankwesen heraus. Die Funktion des *sarraf*, des Geldwechslers, wurde zur festen Institution auf den Märkten. Zur Zeit der Abbasiden soll in Basra jeder Kaufmann ein eigenes Bankkonto gehabt haben, Zahlungen wurden meist bargeldlos getätigt. Infolge des islamischen Zins- und Wuchereiverbots (siehe Kapitel 10, Seite 134) waren die Bankiers überwiegend Juden und Christen.

Auf dem Bazar gab es auch Formen der sozialen Absicherung: Der *jiwar* ist eine zwischen gleichgestellten Nachbarn mündlich getroffene Abmachung, die nachbarschaftliche Solidarität vereinbart. Bei den Berbern/Imazighen gibt es mit der *twiza*, der nachbarschaftlichen Erntehilfe ein ähnliches Prinzip nachbarschaftlicher Solidarität. Als *wala'* bezeichnet man den Schutz- oder Treuepakt, den der Einzelhändler oder Handwerker mit seinem Berufsverband abschließt. Und *jar*, was wörtlich Schützling bedeutet, beschreibt ein Schutz- beziehungsweise Klientelverhältnis von Patron und Schützling, das dem finanziell benachteiligten Schützling ermöglichte, am Wohlstand des Patrons zu partizipieren. Die Zünfte wählten darüber hinaus aus ihrer Mitte einen meist wohlhabenden und angesehenen Mann zum Vorsteher (je nach Region bezeichnet als *amin, ra'is, 'arif* oder *shaikh*). Seine Aufgabe war es, die Qualität zu überwachen, die Fonds der Zünfte zu verwalten und im Auftrag des *muhtasib* zunftinterne Konflikte zu schlichten.

Die Einhaltung des Ethos, als ungeschriebenes Gesetz, war Garant für ein friedliches und gedeihliches Mit- und Nebeneinander auf dem Souq. Die Märkte dienten stets auch als neutraler Ort etwa verfeindeter Sippen, das Tragen von Waffen war vielerorts verboten. Nicht zuletzt war der Souq immer auch zentraler Ort des Informationsaustausches. Hier erfuhr man alle wichtigen Neuigkeiten. Das war früher so und hat sich bis heute nicht geändert. Als traditionelle Wirtschaftszentren der arabischen Welt prägten die Souqs maßgeblich die Geschäftskultur, als deren wichtigste Elemente die persönliche und faire Beziehung zwischen Kunde und Verkäufer, den Verkäufern untereinander, die Kommunikation, das Feilschen sowie Streitschlichtung durch Konsens beziehungsweise vermittelnde Dritte gelten. Aber davon später mehr.

Die Souqs und Handelswege waren nicht nur Orte des Warentausches oder Transportwege der begehrten Güter, sie waren immer auch Orte und Wege des Kulturaustausches und bildeten Brücken zwischen den Kulturen des Orients und Okzidents. Neue Errungenschaften, Gedanken und Ideenwelten fanden gegenseitig Einzug. Als Folge des regen Handels zwischen den Völkern des Orients und Okzidents erscheint «... die fremde Welt, die Welt der wandernden Händler, die von außen kommen, (...) nicht länger als ein negatives Anderes», wie Jean Favier diesen Prozess treffend beschreibt.

Muhammad, der Kaufmann oder islamische Wirtschaftsethik

In den sozialen Hierarchien des arabischen Raumes standen Händler und Kaufleute stets an der Spitze, direkt hinter den religiösen Würdenträgern *('ulama')* und hohen politischen Beamten *(wuzara')*. Der *tajir*, arabisch für Händler, genoss in den Gesellschaften des arabischen Raumes ein hohes Ansehen. Diese hohe soziale Stellung mag zum einen darin begründet liegen, dass der Handel in dieser Region die einträglichste Erwerbsquelle darstellte. Die Landwirtschaft wurde aufgrund der klimatischen Bedingungen – mit wenigen Ausnahmen – selten flächendeckend und nutzbringend betrieben, sodass der *fallah*, der Landwirt, weniger gesellschaftlichen Einfluss hatte. Gleiches galt für die Viehzucht treibenden Nomaden und Halbnomaden.

Zum anderen ist der hohe Status eng mit der Person des Propheten Muhammad verbunden, der selbst Kaufmann war. Im Jugendalter von seinem Onkel in den Kaufmannsberuf eingewiesen, begleitete er noch vor seinem ersten Offenbarungserlebnis im Jahre 609/610 n. Chr. Handelskarawanen in das heutige Syrien. Dies auch im Auftrag der Frau, die er im Alter von 25 Jahren heiratete: Khadija. Sie war 15 Jahre älter als Muhammad, Witwe und wohlhabende Kauffrau. Und sie war es, die als erste Frau den Islam annahm. Sie war die erste Muslima.

Mekka, sein Geburtsort, war zur damaligen Zeit ein wichtiges Handelszentrum. Der Islam entstand als eine Religion der Händler und Kaufleute. Handel und Wirtschaft waren für Muhammad positiv besetzt, wie zahlreiche Prophetenaussprüche belegen: «Die Kaufleute sind die Botschafter dieser Welt und Gottes treue Diener auf Erden.»

Mit dieser positiven Einstellung zu Handel und Wirtschaft ging die Ausformulierung einer islamischen Wirtschaftsethik einher, die verbindliche Regeln für das wirtschaftliche Handeln, das ökonomische Miteinander aufstellt. Zu den zentralen Prinzipien zählen: Gerechtigkeit, Ehrlichkeit, Selbstlosigkeit, Wohlergehen und Wohltätigkeit. Grundsätzlich werden im Islam Streben nach materiellem Wohlstand und Privateigentum befürwortet, sind sie doch Vorzeichen des Paradieses – aber nur solange es nicht auf Kosten und zum Nachteil anderer oder ohne sozialen Ausgleich an Bedürftige erfolgt. Wirtschaftliche Transaktionen sollen stets auf dem Fundament von Fairness, Ehrlichkeit und Ehrenhaftigkeit getätigt werden. Ihre Bedeutung lässt sich an den überlieferten Aussprüchen, Anordnungen und Handlungen des Propheten *(hadith)* ersehen, die neben dem Koran normative Bedeutung haben.

> «Allah möge sich eines Menschen erbarmen, der mit den Menschen freundlich umgeht, wenn er verkauft, kauft oder eine Forderung stellt.»
> *(Hadith aus Sahih al-Bukhari)*

Vorsätzliche Täuschung und Betrug werden getadelt und sind nach islamischer Wirtschaftsethik verboten:

> «Der Käufer und Verkäufer haben immer so lange die freie Entscheidung, bis sie sich voneinander trennen (...). Wenn sie miteinander wahrhaft und ehrlich waren, so ist das zwischen ihnen abgewickelte Geschäft segensreich geworden und wenn sie etwas verschwiegen oder gelogen haben, so ist jeglicher Segen von ihrem Geschäft abgeschnitten.» *(Hadith aus Sahih al-Bukhari)*

Auch das Verbot zur Monopolbildung gründet in Koran und Sunna:

> «Ihr Gläubigen! Viele von den Gelehrten und Mönchen bringen die Leute in betrügerischer Weise um ihr Vermögen und halten (ihre Mitmenschen) vom Weg Gottes ab. Denjenigen nun, die Gold und Silber horten und es nicht um Gottes Willen spenden, verkünde (dass sie dereinst) eine schmerzhafte Strafe (zu erwarten haben), am Tag (des Gerichts), da es (das heißt das gehortete Gold und Silber) im Feuer der Hölle erhitzt wird und ihnen Stirn, Seite und Rücken damit gebrandmarkt werden (während zu ihnen gesagt wird): Das ist das, was ihr für euch gehortet habt. Nun bekommt ihr es leibhaftig zu spüren.» *(Sure 9, Vers 34–35)*

Zudem ist Konkurrenz zu vermeiden und auf Chancengleichheit zu achten, wie in folgendem Hadith deutlich wird:

> «Keiner von euch darf den Kauf derselben Ware anstreben, die sein Bruder zu kaufen beabsichtigt und fanget die Ware nicht auf dem Weg ab und wartet, bis sie ihren Platz auf dem Markt eingenommen hat.» *(Hadith aus Sahih al-Bukhari)*

Schriftliche und mündliche Verträge sollten stets vor Zeugen geschlossen werden, um nachträgliche Streitigkeiten zu vermeiden beziehungsweise schlichten zu lassen. Schließlich gilt im Islam das

Zins- beziehungsweise Wuchereiverbot, das weiter unten ausführlicher behandelt werden wird. Geld, das im ebenfalls verbotenen Glücksspiel gewonnen wurde, darf nicht in den Handelskreislauf gelangen (siehe auch Kapitel 10, Seite 134 ff.).

Der Islam begriff sich seit seiner Entstehung stets als eine Religion, die das individuelle wie auch das kollektive öffentliche Leben gestaltete und regulierte. Wie untrennbar der Souq mit der Moschee verbunden war, zeigt sich auch an der Entstehungsgeschichte der ersten islamischen Siedlungen, wo dicht an der Moschee, dem Versammlungsort der Gläubigen, auch immer ein Markt entstand. Viele Märkte bildeten sich in der Folge um eine Moschee oder in der regionalen Ausprägung des Maghreb um ein Heiligengrab, der *zawiya (zaouia)*. Die Zunftanordnung richtete sich nach Nähe beziehungsweise Distanz zur Moschee; so waren die Gewerbe, die als schmutzig und damit auch rituell unrein galten, wie Gerbereien oder Metzgereien, immer am weitesten von der Moschee entfernt. Wohingegen (religiöse) Bücher und Räucherwerk stets direkt an der Moschee angesiedelt waren.

Entsprechend der islamischen Wirtschaftsethik kennt auch die arabische Literatur den ehrlichen Kaufmann als ethischen Idealtypus. In dieses Loblied auf den Kaufmann stimmte auch der Universalgelehrte al-Jahiz (776–868 n.Chr.) aus Basra ein mit seiner Schrift «Lobpreis der Kaufleute und Verdammung der Beamten». Nun denn! Und natürlich gibt es wie überall auf der Welt immer eine Diskrepanz von Theorie und Praxis, von Anspruch und Wirklichkeit.

Scheck, Tarif und die Null:
Das arabische Erbe Europas

Der von arabischen Wissenschaftlern und Intellektuellen erstmals im Jahr 2002 verfasste Arab Human Development Report[2] ist eine offene, selbstkritische und nüchterne Bestandsaufnahme der aktuellen soziokulturellen, wirtschaftlichen, technologischen, wissenschaftlichen und politischen Entwicklungen der Staaten der Arabischen Liga. Der seither jährlich erscheinende Report befasst sich mit den

Ursachen der konstatierten Rückständigkeit der arabischen Länder vor allem auf ökonomischem, technologischem und wissenschaftlichem Gebiet. Die dort zitierten Fakten zeichnen ein düsteres Bild: Kein arabisches Land gibt mehr als 0,2 Prozent seines Bruttosozialproduktes für wissenschaftliche Forschung aus – auch nicht die reichen Ölstaaten. Im Durchschnitt werden pro Jahr nur 200 Doktortitel in den Naturwissenschaften vergeben, 25 Prozent aller Graduierten emigrierten ins Ausland, die Hälfte aller Medizinabsolventen emigrierte zwischen 1998 und 2000 ins Ausland, die arabischen Länder produzieren gegenwärtig nur 0,1 Prozent der Zitierungen und tragen nur zu 0,5 Prozent der Fachaufsätze in den führenden internationalen medizinischen Fachzeitschriften bei. Zwischen 1980 und 2000 wurden nur 370 industrielle Patente vergeben. Die Liste ließe sich beliebig fortführen.

Als Ursachen werden viele Faktoren angegeben, so vor allem mangelnde politische Freiheit, fehlende wirtschaftliche Entwicklung, Misswirtschaft, Klientelismus und Korruption, Analphabetismus und Armut sowie das Fehlen eines dynamischen, innovativen und kompetitiven Privatsektors, um nur einige zu nennen. Die arabische Welt steht angesichts dieser Bestandsaufnahme vor großen Herausforderungen. Ohne den Blick für die gegenwärtige Situation zu verstellen, so ist die Anmerkung gestattet: Das war nicht immer so. Ein Blick in die Vergangenheit zeigt: Im Zeitalter der Abbasiden (750–1258 n. Chr.), das als Glanz- und Höhepunkt islamischer Kultur gilt und daher gerne auch als «Goldenes Zeitalter» bezeichnet wird, blühten Wirtschaft und Wissenschaft in der gesamten islamischen Welt, die sich über Jahrhunderte «vom Fluss bis zum Meer» *(min an-nahr ila l-bahr)* erstreckte. Gemeint waren der Oxus in Transoxanien und der Atlantik im Westen. Das Gebiet reichte also auf der Ost-West-Achse von Transoxanien bis nach Marokko und Spanien und auf der Süd-Nord-Achse vom Jemen bis in den Kaukasus.

In den Städten Bagdad, Damaskus und Kairo, in Fez oder Tunis sowie im damaligen arabischen Westen in Cordoba, Granada und Toledo wurde Spitzenforschung betrieben. In diesen Zentren der

Gelehrsamkeit und Kultur trafen sich Wissenschaftler, Lehrer und Studenten unterschiedlichster Herkunft und Religion. Der Grad an Mobilität war äußerst hoch, man reiste im Auftrag der Wissenschaft von einem Ende der islamischen Welt zur anderen, um einen spezifischen Gelehrten zu hören, vereint in der Sprache der Wissenschaft, dem Arabischen. So beklagte der Bischof von Cordoba, Alvaro: «Viele meiner Glaubensgenossen lesen die Gedichte und Märchen der Araber, sie studieren die Schriften der muslimischen Theologen und Philosophen, nicht um sie zu widerlegen, sondern um zu lernen, wie man sich auf korrekte und elegante Weise im Arabischen ausdrückt (…) Ach, alle jungen Christen, die sich durch ihr Talent bemerkbar machen, kennen nur die Sprache und Literatur der Araber! (…) Redet man ihnen dagegen von christlichen Büchern, so antworten sie mit Geringschätzung, diese Bücher verdienten nicht ihre Beachtung! O Schmerz! Die Christen haben sogar ihre Sprache vergessen, und unter Tausenden von ihnen findet man kaum einen, der einen erträglichen lateinischen Brief zu schreiben versteht; dagegen wissen Unzählige, sich auf das eleganteste im Arabischen auszudrücken.»

Zur Erinnerung: Wenn wir von der arabisch-islamischen Zivilisation sprechen, so ist zu beachten, dass diese unter Mitwirkung vieler Völker, wie der Araber, Berber/Imazighen, Perser, Ägypter, Assyrer, Kurden und anderer sowie Mitglieder anderer Religionen, etwa der Christen, Juden oder Zoroastrier entstanden ist.[3] Unter den Wissenschaftlern der damaligen Zeit, die das arabisch-islamische Erbe bis heute bereichern, waren auch Nichtaraber, die unter der Herrschaft der Abbasiden forschten und lehrten.

Das Wissen um die Errungenschaften und Leistungen der arabisch-islamischen Hochkultur auf zahlreichen Gebieten von Wissenschaft und Technik, wie der Philosophie, Mathematik, Chemie, Physik, Astronomie, Medizin, Apothekerwesen, Nautik, Geografie oder Landwirtschaft sowie deren Einfluss auf Europa trägt nicht nur historischen Tatsachen Rechnung, es zeigt auch Respekt vor der islamischen Zivilisation.

Ihr arabischer Geschäftspartner wird es sehr zu schätzen wissen, wenn Sie Kenntnis von diesem Beitrag haben, den die arabische Welt in Wissenschaft und Technik sowie als Katalysator der Wissenschafts- und Technologieentwicklung Europas gehabt hat. Ohne die arabischen Übersetzer wäre das Erbe der Griechen, wären die Werke des Aristoteles, Platon, Galen oder Hippokrates möglicherweise nicht zu uns gedrungen. Aber davon später mehr.

> Das Wissen um Europas arabisches Erbe ist unerlässlich. Es zeigt Respekt, schafft Vertrauen und stärkt die Beziehungsebene zu Ihrem arabischen Geschäftspartner.

Annemarie Schimmel hat diesen Bezug einmal so beschrieben: Wenn Araber heute westliche Wissenschaft und Technologien übernehmen, so handelt es sich gewissermaßen um die Zinsen des Kapitals, das sie einstmals dem Westen gebracht haben.

Begünstigt wurden Wissenschaft und Technik auch durch den Islam, wie zahlreiche Hadithe und Koranverse belegen:

> «Suchet das Wissen, und wäre es in China.»
> «Wer nach Wissen strebt, betet Gott an.»
> «Suche Wissen von der Wiege bis zum Grabe.»
> «Das Studium der Wissenschaft hat den Wert des Fastens, die Lehre der Wissenschaft den Wert eines Gebets.»
> *(Hadithe aus Sahih al-Bukhari)*

Wissen und Erkenntnis um die Schöpfung vertieft nach islamischem Verständnis den Glauben und stärkt die Ehrfurcht vor Allah. Wissenschaft dient somit der Ehre Gottes und sollte gefördert werden. Und in der Tat integrierten die arabischen Wissenschaftler damals indisches, persisches, chinesisches, griechisches und alexandrinisches Wissenschafts- und Gedankengut.

Sie gingen damit bis an das damalige vermeintliche Ende der Welt: China.

Ausgangspunkt und zunächst wichtigstes Zentrum der wissenschaftlichen Tätigkeiten war Bagdad. Unter den abbasidischen Kalifen al-Mansur (Regierungszeit 754–775), ar-Rachid (Regierungszeit 786–809) und al-Ma'mun (Regierungszeit 813–833) wurde die Wissenschaft regelrecht zur Staatsraison erhoben. Letzterer eröffnete im Jahr 832 in seinem Palast mit dem «Haus der Weisheit» *(bait al-hikma)* ein großes Wissenschaftszentrum. Hier wurden unter anderem Texte der klassischen Philosophie und der empirischen Wissenschaften ins Arabische übersetzt.

Eine wichtige Rolle bei der Übersetzung hellenistischer Werke spielten bereits früher schon die nestorianischen Christen, deren Zentrum sich nun nach Bagdad verlagerte. Einer ihrer berühmtesten Vertreter war der Arzt und Übersetzer Hunain ibn Ishaq (809 – 873), der unter anderem die medizinischen Klassiker Galen und Hippokrates sowie Aristoteles, Platon und das griechische Alte Testament ins Syrische und Arabische übersetzte. Wie auch er begnügten sich die vornehmlich christlichen und jüdischen Übersetzer nicht nur mit der Übersetzung der Werke, sie verfassten sachkundige Erläuterungen und Kommentare und erleichterten somit den Wissenstransfer.

Eine wichtige Rolle für diesen Wissenstransfer spielte das Papier. Von chinesischen Gefangenen in Samarkand hatten die Araber die Herstellung von Papier erlernt. Im Jahre 794 wurde die erste Papiermühle in Bagdad erbaut. Von dort aus erlebte die Papierherstellung ihren Siegeszug über al-Andalus und Sizilien bis nach Westeuropa. Knapp 600 Jahre später, im Jahre 1389 gründete der Nürnberger Gewürzhändler Ulman Stromer mit der Geismühle bei Nürnberg die erste sicher bezeugte Papiermühle Deutschlands.

Unter den Abbasiden entstanden zahlreiche Bibliotheken. Bereits 891 zählte ein Reisender allein in Bagdad über hundert öffentliche Bibliotheken, die größte verfügte über 500 000 Bücher. Die Bibliothek des Fatimiden Kalifen al-Aziz (Regierungszeit 976–996) in Kairo zählte sogar 1 600 000 Bände. Zum Vergleich: Die Stiftsbibliothek des Klosters von St. Gallen, dem damals bedeutendsten geistigen Zentrum des Abendlandes, verfügte im neunten Jahrhundert über 36 Bände. Von einem abbasidischen Wezir aus jener Zeit wird berichtet, er habe sich nie auf Reisen begeben, ohne dreißig Kamelladungen Bücher bei sich zu führen. Der Hunger nach Wissen und Büchern war derartig groß, dass der Kalif al-Ma'mun nach seinem Sieg über den byzantinischen Kaiser Michael III. als Reparationen einzig und alleine alle noch nicht ins Arabische übersetzte Schriften der alten Philosophen und Wissenschaftler forderte.

Im Westen konkurrierte Cordoba mit Bagdad als bedeutendstes Kultur- und Wirtschaftszentrum des islamischen Reiches. Unter dem Omayyaden-Kalifen Abd ar-Rahman III. (Regierungszeit 912–961) entfaltete al-Andalus (abgeleitet von arabisch für: Vandalen) seine größte Pracht. Gegen Ende seiner Regierungszeit war Cordoba neben Konstantinopel die bevölkerungsreichste und wohlhabendste Stadt Europas.

Reisende berichteten beeindruckt von dem sagenhaften Luxus und Komfort in der «Stadt der Städte»: Gepflasterte Straßen, nächtliche Beleuchtung, Wohnhäuser mit fließendem Wasser, edle Kristallgläser, exotische Gewürze aus Fernost. Und das, während die «Kölnische Zeitung» vom 28. März 1819 noch die nächtliche Straßenbeleuchtung aus theologischen Gründen als verwerflich ansah.

Dank arabischer Bewässerungstechniken blühten die Gärten und die Landwirtschaft wurde durch den Anbau neuer Pflanzen, etwa Granatäpfel-, Pfirsich-, Aprikosen-, Orangen- oder Mandelbäume bereichert. Das Kalifat von Cordoba galt mit seiner eleganten Gartenkultur und den springenden Brunnen als Inbegriff des irdischen Paradieses. Und auch nach Cordoba und Toledo strömten die Gelehrten und Studenten «von allen Teilen der Welt in Andalusien zusammen, um die Wissenschaften zu lernen, für die Cordoba der edelste Speicher war», berichtet Ibn al-Hijari.

Auch in Sizilien hinterließen die Araber ihren direkten Einfluss, nachdem es 827 durch ein arabisch-berberisches Heer erobert worden war. Und auch hier erblühte ein Zweig der islamischen Zivilisation, der unter der Herrschaft des Normannen Roger II. weiter Bestand hatte. An seinem Hof wurde die arabisch-islamische Kultur in all ihren Facetten weiter gepflegt. Hier vollendete einer der berühmtesten arabischen Geografen, Idrisi aus Ceuta, 1145 die zur damaligen Zeit eindrucksvollste Weltkarte, deren Kommentar er zu Ehren von Roger II. *kitab ar-rujoni,* das Buch des Rogers, nannte. Der Normannenkönig gilt auch heute noch vielen Arabern als Inbegriff eines toleranten christlichen Herrschers, der die arabisch-islamische Kultur respektierte und einen fruchtbaren Austausch förderte. Und dies nicht nur aus Staatsraison.

Es gibt zahlreiche Gebiete der Wissenschaft und Technik an denen die arabischen Wissenschaftler nachhaltigen Einfluss hatten, stellvertretend seien an dieser Stelle einige Beispiele aus Mathematik und Medizin angeführt. Bereits im achten Jahrhundert wurde in der islamischen Welt das Rechnen im Dezimalsystem eingeführt. Die Araber benutzten hierbei die indischen Ziffern sowie das Nichts (Null) aus der religiös-philosophisch geprägten Mathematik der Hindus. Sie übertrugen das indische System in ein für Kaufleute und die Wissenschaft nutzbares System.

Im 13. Jahrhundert wurden dieses System und seine Ziffern durch die Araber in Europa eingeführt. Die Null kam nach Europa, ihr arabischer Name *sifr* stand Pate für unser Wort Ziffer. Fortan wurden in Europa alle zehn Ziffern auch als «arabische» Zahlen bezeichnet. Bei diesen «arabischen» Ziffern handelt es sich um die sogenannten west-arabischen Ziffern. Im arabischen Raum werden zudem heute auch die ost-arabischen Ziffern verwendet, die man als Nicht-Araber erst lernen muss. Übrigens bezeichnen die Araber ihre Zahlen als Reminiszenz an ihr indisches Erbe als «indische» Zahlen.

Algebra und Algorithmus – auch diese wichtigen Zweige der Mathematik – verdanken wir unserem arabischen Erbe. Der persische Gelehrte und Mathematiker al-Khwarizmi (um 780–850) stand für diese Begriffe gleich zweifach Pate. So leitet sich Algebra von der lateinischen Version seines mathematischen Werkes *al-jabr wa l-muqabala* (Wiederherstellung und Ausgleich) ab und Algorithmus von der seines Namens *algoritmi* (dixit algoritmi = also sprach al-Khwarizmi). Der Buchstabe x für eine Unbekannte hat ebenfalls einen arabischen Ursprung: So verwendeten die Araber in der Algebra den arabischen Buchstaben *shin* als Abkürzung für *shai'* (Sache). Die Spanier übernahmen diesen arabischen Buchstaben, der gleichlautend mit dem Altspanischen x war.

Die Araber haben nicht nur die zentralen medizinischen Werke der Griechen übersetzt, sie haben auch einen wichtigen Beitrag zur Entwicklung der Medizin geleistet. Zu den berühmtesten Medizinern zählt zweifelsohne Ibn Sina, bekannt auch unter seinem lateinischen Namen Avicenna (980–1037). Geboren bei Buchara im heutigen Usbekistan (damals Persien), gehörte der persische Universalgelehrte zu den berühmtesten Persönlichkeiten seiner Zeit. Er war zugleich Arzt, Physiker, Philosoph, Wissenschaftler, eben ein Universalgelehrter, in vielen Disziplinen bewandert, was dem damals gängigen Bildungsideal entsprach. Seine Werke bilden zusammen mit denen von ar-Rasi (Rhases, 865–925), al-Biruni (973–1048), ebenfalls wie er Perser, sowie den Griechen Hippokrates und Galen die wichtigsten Säulen der abendländischen Medizin.

Nicht nur im Bereich der medizinischen Wissenschaft, deren Fachrichtungen systematisch entwickelt wurden, sondern auch in der angewandten Medizin wurden Meilensteine gesetzt. Das prägnanteste Beispiel war der hohe Standard der Krankenhäuser. Ob in Bagdad, Damaskus, Kairo oder Cordoba – hier arbeiteten die besten Ärzte der damaligen Zeit, es gab verschiedene Abteilungen, geleitet von einem Spezialisten. Die Kranken genossen höchsten Komfort, ob Bäder mit fließendem Wasser oder einen 24-Stunden-Service. Und: Es durfte kein Kranker abgelehnt werden. Die medizinische Versorgung war umfassend und kostenlos. Der Mamluken-Sultan al-Mansur Qalawun (Regierungszeit 1279–1290), der Stifter des berühmten Mansuri-Krankenhauses in Kairo, verkündigte bei dessen Vollendung: «Dieses habe ich gestiftet für meinesgleichen und Geringere, ich habe es bestimmt für den Herrscher und den Diener, den Soldaten und den Emir, den Großen und den Kleinen, den Freien und den Sklaven, für Männer und für Frauen.»

Europäische Reisende und Kreuzfahrer, denen es verboten war, sich von den «heidnischen Ärzten» behandeln zu lassen, berichteten in ihrer Heimat beeindruckt von diesen fortschrittlichen Stätten der Medizin, die auch durch den Islam befürwortet wurden:

> «Allah hat keine Krankheit herabkommen lassen, ohne dass Er für sie zugleich ein Heilmittel herabkommen ließ.»
>
> *(Hadith aus Sahih al-Bukhari)*

Diese Beispiele mögen genügen, um einen Eindruck über die Vielfältigkeit und Nachhaltigkeit der wissenschaftlichen und technischen Errungenschaften der arabisch-islamischen Zivilisation zu vermitteln. Der Einfluss der Araber in Europa auf den unterschiedlichsten Gebieten war mannigfaltig und nachhaltig, wie zahlreiche Wörter arabischer Herkunft belegen[4]. Hier einige Beispiele:

Deutscher Begriff		Arabischer Begriff		Bedeutung
Admiral	=	amir al-bahr	=	Befehlshaber des Meeres
Alkohol	=	al-kuhl	=	das Antimonpulver
Alchemie	=	al-kimiya	=	die Chemie
Algebra	=	al-jabr	=	die Wiederherstellung
Alkali	=	al-qilw	=	Alkali
Alkoven	=	al-qubba	=	die Kuppel, Gewölbe, gewölbtes Gemach
Almanach	=	al-minha	=	das Geschenk
Aprikose	=	al-barquq	=	die Pflaume, Aprikose
Arsenal	=	dar as-sina'a	=	Haus der Fertigkeit, Handwerk, Berufstätigkeit, Werkstätte
Artischocke	=	al-khurshuf	=	die Artischocke
Café / Kaffee	=	qahwa	=	Kaffee
Chiffon	=	shiff	=	durchsichtiger Stoff
Elixir	=	al-iksir	=	die Quintessenz, das Elixir

Deutscher Begriff		Arabischer Begriff		Bedeutung
Gala	=	khil'a	=	Ehrengewand, das Günstlingen geschenkt wurde
Gitarre	=	qitara	=	Zupfinstrument mit 6 Saiten
Hasard	=	az-zahr	=	der Spielwürfel
Havarie	=	'awar	=	Schaden, Fehler, Mangel
Jacke	=	shiqqa/shaqq	=	Oberbekleidungsstück für Männer und Frauen
Kabel	=	habl	=	Seil, Strick
Karaffe	=	gharrafa	=	schöpfen
Karat	=	qirat	=	kleines Gewicht
Koffer	=	quffa	=	großer Flechtkorb
Lack	=	lakk	=	Lack
Natron	=	natrun	=	Natron
Orange	=	naranj	=	Apfelsine
Razzia	=	ghazwa	=	überfallartiger Kriegs- bzw. Beutezug
Reibach	=	ribh	=	Gewinn, Profit
Risiko	=	rizq	=	der von Allah oder dem Geschick abhängige Lebensunterhalt
Scheck	=	tashakka/shakk	=	auf Kredit kaufen oder verkaufen, borgen / Scheck

Wenn Sie das nächste Mal also mit Ihrem arabischen Geschäftspartner über eine x-beliebige Ziffer sprechen, einen Tarif bestimmen, das Risiko abwägen, einen Scheck ausstellen, einen Reibach machen, ihm in die Jacke helfen oder ihn zu einer Gala einladen, dann wissen Sie nun um die arabische Herkunft dieser Wörter.

3. Vom Umgang mit unterschiedlichen Kulturstandards im Geschäftsleben

Interkulturelle Handlungskompetenz

«Wieso rückt der mir so auf die Pelle?», denkt sich Herr Müller und weicht automatisch ein Stück zurück, als ihm sein ägyptischer Geschäftspartner beim Gespräch immer näher rückt. Dann nimmt der Ägypter auch noch lange seine Hand, während er ihm das Projektmodell zeigt. Unangenehm. – «Der geht ja immer wieder einen Schritt zurück, warum? Weicht er mir aus? Mag er mich nicht?», wundert sich Herr el-Misri, der Ägypter. Er möchte seinem deutschen Geschäftspartner doch nur signalisieren, dass er an einer guten Zusammenarbeit interessiert ist.

Während zwischen Mitgliedern ein und derselben Kultur weitgehende Übereinstimmung darüber herrscht, wie man sich in bestimmten Situationen «normalerweise» verhält, können in der *interkulturellen Interaktion*, also zwischen Mitgliedern unterschiedlicher Kulturen, unterschiedliche Denk- und Verhaltensweisen aufeinandertreffen.

Herr Müller kommt aus einer sachorientierten Kultur, in der man im Business sachlich und mit einer gewissen Körperdistanz interagiert (deutschsprachiger Raum). Herr el-Misri kommt aus einer beziehungsorientierten Kultur, in der man im Business zunächst eine persönliche Ebene schafft und mit einer geringeren gleichgeschlechtlichen Körperdistanz interagiert (arabischer Raum). Beide handeln also gemäß ihrer kulturellen Prägung, und das kann, wie dieses Beispiel zeigt, bestenfalls zu irritiertem Schmunzeln, schlimmstenfalls zu einem Konflikt, in jedem Fall aber zu einem Missverständnis führen. Herr Müller ist die für ihn geringe Körperdistanz in diesem Kontext (Businesspartner, Mann) nicht gewohnt, es ist ihm unangenehm (Bewertung), er weicht zurück (Verhalten). Herr el-Misri wertet das Zurückweichen des Deutschen als Ablehnung. Wie wir Dinge wahrnehmen, sie bewerten und uns schließlich zu ihnen verhalten, hängt von unserer kulturellen Prägung ab. Interkulturell kompetent zu agieren bedeutet:

- kulturgebundene Wert- und Orientierungssysteme wahrzunehmen,
- fremde Denk- und Verhaltensweisen zu verstehen,
- um schließlich das eigene Verhaltensrepertoire zielführend erweitern zu können.

Wenn Herr Müller weiß, dass Herr el-Misri aus einer beziehungsorientierten Kultur kommt, dann kann er dessen Verhalten kulturspezifisch einordnen und bewerten. Gleichzeitig kann er auch die Wirkung seines Verhaltens auf Herrn el-Misri einschätzen (Ablehnung). Folgende aussöhnenden Handlungsstrategien könnten in dieser Situation zielführend sein:

- Herr Müller kann nach wie vor zurückweichen, seinem Gegenüber aber auf andere Weise seine Wertschätzung signalisieren (verbal oder durch Gesten, wie anlächeln) und somit seine ablehnende Wirkung auf el-Misri abfedern.
- Herr Müller weicht nicht zurück und signalisiert somit seine Wertschätzung.

Die persönlichen Handlungsstrategien im fremdkulturellen Kontext sollten dabei natürlich stets der eigenen Persönlichkeit und den individuellen Möglichkeiten entsprechen. Denn es geht nicht darum, sich zu verbiegen.

Interkulturelle Kompetenz ist die Fähigkeit, mit Menschen aus anderen Kulturen situationsadäquat zu kommunizieren. Folgende Komponenten können hierbei nach Herbrand bestimmt werden:

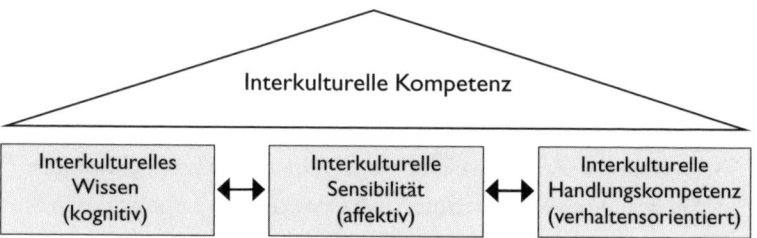

Abb. 1: Interkulturelle Kompetenz. (Aus: Frank Herbrand, Fit für fremde Kulturen, 2002:48)

Um interkulturell kompetent handeln zu können, ist das Zusammenwirken aller drei Faktoren Voraussetzung: interkulturelles Wissen, Sensibilität, Handlungskompetenz. Je mehr man über die anderen Kulturstandards weiß, je mehr man sich auch emotional mit den fremdkulturellen Kulturstandards auseinandersetzt und prüft, wie man sich mit anderen Wertvorstellungen und Handlungsweisen fühlt, etwa wenn Araber laut, durcheinander und gleichzeitig reden, desto eher kann man zielführend agieren.

Erst das Zusammenspiel von kongnitiver und affektiver Ebene ermöglicht eine Veränderung auf der Verhaltensebene. Kennt und versteht man die historischen und kulturellen Hintergründe, kann man eine gegenwärtige Handlung in diesen Gesamtzusammenhang einordnen. Insbesondere uns entgegenstehenden Überzeugungen und Handlungsmustern kann man eher mit Respekt begegnen, wenn man die historischen Zusammenhänge kennt.

Aufpassen, nicht anpassen!

Hierbei geht es keineswegs darum, sich um jeden Preis anzupassen, sondern darum, aufzupassen, was das Gegenüber meint. Was bedeutet es, wenn der arabische Geschäftspartner per Handschlag ein

Geschäft zusagt. Ist der Auftrag dann auch sicher? Was bedeutet es, wenn der arabische Kollege eine Arbeitsanweisung mit «Ja, gerne» beantwortet? Wird die Arbeit dann auch sofort erledigt? Was bedeutet es, wenn der neue arabische Geschäftspartner nach dem ersten Treffen gleich zu sich nach Hause einlädt? Ist das Ausdruck besonderer Sympathie oder Zuneigung? Was bedeutet es, wenn die Frau des Geschäftspartners nicht die Hand zur Begrüßung reicht? Fremdes Verhalten zu kennen und zu verstehen ermöglicht eine zielführende Interaktion. Dabei ist es wichtig, sowohl die Selbstsicht als auch die Fremdsicht zu schärfen. Ganz nach dem Motto der Aufschrift des Appollontempels zu Delphi: «Erkenne Dich selbst.»

Empathie und Aufgeschlossenheit, Neugier auf das andere, die Fähigkeit, auch mehrdeutige und widersprüchliche Situationen aushalten zu können und sich auf einen Perspektivwechsel einzulassen, sowie schließlich auch eine Portion Humor sind im interkulturellen Miteinander sehr hilfreiche Eigenschaften.

Um Geschäfte erfolgreich im arabischen Raum realisieren zu können, ist die Kenntnis arabischer Kulturstandards unverzichtbar. Wie kommuniziert man erfolgreich im arabischen Raum? Welche Verhandlungsstrategien sind zielführend, wo lauern kulturgebundene Konfliktpotenziale und wie sind sie zu erkennen? Welches Konfliktmanagement ist hilfreich? Was erwartet der arabische Geschäftspartner? Aber auch: Was ist höflich, wo lauern Fettnäpfchen?

Interkulturelle Kompetenz geht dabei weit über die Kenntnis der Business-Etikette hinaus. Es genügt nicht zu wissen, dass man die Visitenkarte im arabischen Raum nicht mit der linken Hand überreicht, man sollte auch wissen, warum. Aber dazu später mehr.

Kulturstandards als Orientierungssystem

Kulturstandards sind nach Alexander Thomas Verhaltensweisen, die von der Mehrheit der Mitglieder einer Kultur als normal, selbstverständlich, typisch und verbindlich angesehen werden. Sie sind Orientierungssysteme, die bestimmen, wie wir denken, wahrnehmen, bewerten und uns schließlich auch verhalten. Geert Hofstede hat in diesem Zusammenhang den Begriff der «Kultur als mentaler Programmierung» geprägt. Wir alle haben demnach eine «kulturelle Festplatte», auf der jedes Individuum Muster des Denkens, Fühlens und potenziellen Handelns programmiert hat. Wie diese Festplatte jeweils programmiert ist, richtet sich nach den Kulturstandards einer jeden Kultur und wird von Faktoren wie Umwelt, Normen/Werte, Religion, Geschichte, Leitbilder, Institutionen und Gesetze einer Kultur inhaltlich ausgestaltet. Da sich die Programmierung nach den jeweiligen Kulturstandards richtet, ist sie kulturspezifisch und kann daher unterschiedlich ausfallen. Was in einer Kultur als höflich oder normal bewertet wird, kann in einer anderen Kultur genau als Gegenteil, als unhöflich und anormal bewertet werden.

Abb. 2: «Das Wetter ist schön!» (Zeichnung: Marcel Keller)

So brachte der beduinische Nasenkuss im Oman einen deutschen Geschäftsmann doch arg in Verlegenheit, kannte er diese Art der Begrüßung doch nur aus der Kultur der Eskimos/Inuit. Er erwartete, dass man ihm zum Gruß die Hand reichte oder ihn umarmte.

Als Orientierungsrahmen regeln Kulturstandards unser Verhalten. Kulturstandards sind Handlungsorientierungen. Verhalten, das vom eigenkulturellen System abweicht, wird als fremd, nicht verbindlich, irritierend empfunden und im Extremfall von der sozialen

Umwelt abgelehnt. Das, was Otto Normalverbraucher als Kulturstandards verinnerlicht hat, kann von den Standards des Ali Normalverbrauchers abweichen.

Nicht alle Mitglieder einer Kultur verhalten sich entsprechend ihrer Kulturstandards. Man spricht in diesem Zusammenhang auch von einem Toleranzbereich der individuellen Abweichungen und der beträgt je nach Quelle 20 bis 40 Prozent[1]. Ein Beispiel: Menschen aus dem deutschsprachigen Raum haben als Kulturstandard eine hohe Zeitorientierung. Nicht umsonst lautet ein deutsches Sprichwort: Pünktlichkeit ist die Höflichkeit der Könige. Das bedeutet aber nicht, dass alle Menschen aus dem deutschsprachigen Raum auch tatsächlich pünktlich sind. Aber: Sind sie unpünktlich, so verstoßen sie gegen den von der Mehrheit als verbindlich angesehenen Kulturstandard der Pünktlichkeit. Die zentrale Norm entspricht dem Erwartungswert, die tatsächliche Schwankungsbreite den Standardabweichungen:

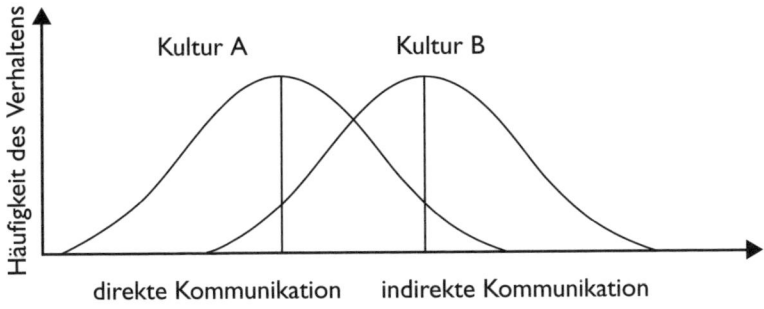

Abb. 3: Schwankungsbreite kulturellen Verhaltens

Das Gleiche gilt im Prinzip auch für fremde Kulturen und ihre Rezeption. Sie sind ein Bestandteil der gegenseitigen Wahrnehmung, können allerdings auch neue Missverständnisse hervorrufen, etwa wenn ein Tunesier sich «typisch deutsch» verhält und ein Deutscher «typisch arabisch» und beide ein jeweils kulturimmanentes Verhalten des anderen erwarten. Durch einen reflektierten Umgang mit den eigenen und den fremdkulturellen Kulturstandards können interkulturelle Interaktionen besser eingeordnet und sicher, aussöhnend und für beide Seiten erfolgreich gestaltet werden. Kulturstandards sind stets auch dynamischen und gesellschaftlichen Wandlungsprozessen unterworfen. Sie können sich daher verändern. Mit Le Goff lässt sich dennoch sagen: «Die Mentalität ist das, was sich am langsamsten ändert.»

Arabische und deutsche Kulturstandards – ein Überblick

Wenn wir die Kulturstandards einer bestimmten Gruppe oder Kultur bestimmen, kann es nur darum gehen, darzustellen, was die vorherrschenden Tendenzen einer Gruppe sind, aber keineswegs darum, allgemeingültige Aussagen über Einstellungen und Verhaltensweisen einzelner Individuen dieser Gruppe zu machen. Die nachfolgenden deutschen und arabischen Kulturstandards geben daher lediglich einen Einblick über das, was idealtypisch als Standard gilt. Trotz regionaler und länderspezifischer Unterschiede im deutschsprachigen und arabischen Raum, lassen sich in der sozialen Interaktion grundlegende deutsche und arabische Kulturstandards bestimmen, die als Orientierungshilfe herangezogen werden können.

In Anlehnung an das System der bipolaren und kontrastiven Kulturmuster, die von interkulturellen Wissenschaftlern[2] erarbeitet wurden, können folgende zentrale deutsche und arabische Kulturstandards bestimmt werden:

Deutschsprachiger Raum eher:	Arabischer Raum eher:
Sachorientierung	**Beziehungsorientierung**
• Sache vor Person	• Person vor Sache
• sach- und zielorientiert	• Bezug zur Gruppe / Familie / Clan / Stamm
• leistungsorientiert	• Ehre / Moral / Loyalität
• abschlussorientiert	• prozessorientiert
• Sachlogik	• Rhetorik / Eloquenz

Deutschsprachiger Raum eher:	Arabischer Raum eher:
Sachorientierung	**Beziehungsorientierung**
• Objektivierbarkeit	• Bezug zur Gruppe / Subjektivität
• linear-aktiv, konsekutiv (A → B → C)	• multi-aktiv, synchron (vieles gleichzeitig)
Individualismus / Ich-Orientierung	**Kollektivismus / Wir-Orientierung**
• Unabhängigkeit, selbst-zentriert	• Individuum ist abhängiges Mitglied einer Gruppe; Bindung, Zugehörigkeit
• Selbstbestimmung	• Fremdbestimmung durch die Gruppe
• individuelle Beziehung	• kollektive Beziehung
• persönliche Meinung	• Harmonie, Loyalität, Gruppenmeinung
• Distanz	• Nähe
• independent man	• dependent man
Low-Context / Direkte Kommunikation	**High-Context / Indirekte Kommunikation**
• wenig kontextbezogen	• kontextbezogen
• eher verbal statt nonverbal	• eher nonverbal statt verbal
• ja ist ja, nein ist nein	• nein gilt als unhöflich
• auf den Nenner bringen	• Priorität von Konsens
• fokussieren, zentrieren	• Rhetorik, umschreiben
• direkt zur Sache kommen	• das Wichtigste kommt am Schluss
• Sachlichkeit	• Einheit von Person und Sache
• direkte Kritik	• indirekte Kritik
• schriftliche, formalisierte Interaktion	• mündliche, informelle Interaktion, persönliche Ebene

Neutral / Reserviert

- reservierte Kommunikation
- wenig Gesten/Mimik
- nacheinander sprechen
- eher langsames Sprechtempo
- unterbrechen ist unhöflich

- Reden ist Silber, Schweigen ist Gold
- neutral, rational, objektiv
- Gefühle werden eher nicht gezeigt
- hohe Körperdistanz

Expressiv / Affektiv

- expressive Kommunikation
- viel Gesten/Mimik
- auch gleichzeitig sprechen
- eher hohes Sprechtempo
- unterbrechen zeigt Engagement

- Reden ist eine Kunst, Eloquenz
- affektiv, emotional, subjektiv
- Gefühle werden eher gezeigt
- geringe gleichgeschlechtliche Körperdistanz

Schuldkultur

- individuelles Recht
- eigene Überzeugung

- persönliches Gewissen

- Eigenverantwortung

- Selbstrespekt wahren

- direkte Konfliktlösung
- Recht/Unrecht
- Richter

Schamkultur

- kollektives Recht
- kollektive Normen, soziale Pflicht, Verpflichtung
- kollektives Gewissen, Scham vor anderen
- Verantwortung vor der Gruppe
- Gesicht vor der Gruppe wahren, Gesichtsverlust vermeiden, Ehre, Ehrenkodex, Loyalität
- indirekte Konfliktlösung
- Ausgleich
- Schlichter, Vermittlung durch Dritte

Leistungsorientierter Status	Zugeschriebener Status
• eher soziale Mobilität	• soziale Immobilität
• sozialer Aufstieg durch eigene Leistung	• sozialer Status durch Zugehörigkeit zu einer Gruppe
• leistungsbezogen	• bezogen auf soziale Schicht, Alter, Geschlecht, formale Gesellschaft

Mittlere Hierarchie	Steile Hierarchie
• eher partizipativer Führungsstil	• autoritärer-paternalistischer Führungsstil
• eher informeller Umgang zu Untergebenen	• formeller und distanzierter Umgang zu Untergebenen
• Kooperation	• Direktiven
• Mitbestimmung	• Loyalität

Interne Kontrolle	Externe Kontrolle
• Eigenverantwortung	• Verantwortung der Führungskraft, Verantwortung der Gruppe
• intrinsische Motivation	• externe Motivation durch Lob, Tadel, Kontrolle
• Freiraum	• vorgegebener, klar definierter Raum der Verantwortlichkeit
• regelorientiert	• personenorientiert, Loyalität
• aktiv lernen, kritisch hinterfragen	• reaktiv lernen, auswendig lernen

Trennung von Beruf und Privat	Keine Trennung von Beruf und Privat
• Bereiche genau definiert und abgegrenzt	• Bereiche überschneiden sich
• wenig Überschneidung	• Überschneidungen zum Teil erwünscht

Trennung von Beruf und Privat	**Keine Trennung von Beruf und Privat**
• Feierabend	• auch nach Feierabend erreichbar
• eher formeller, professioneller und distanzierter Umgang	• auf gleicher Hierarchiestufe: eher informeller, persönlicher Umgang
• Privates eher außen	• Privates wird integriert
• leben, um zu arbeiten	• arbeiten, um zu leben

Monochrone Zeitorientierung	**Polychrone Zeitorientierung**
• hohe Zeitorientierung	• geringe Zeitorientierung
• Zeit ist Geld	• Ihr habt die Uhr, wir haben die Zeit
• Pünktlichkeit ist sozial verpflichtend	• Persönliche Beziehungen stehen vor exakt eingehaltenen Terminabsprachen
• langfristige, vorausschauende Planung	• kurzfristige Ad-hoc-Planung, flexibel
• sequenziell und monochron, eins nach dem anderen	• polychron, Vieles gleichzeitig

Hohe Unsicherheitsvermeidung	**Geringe Unsicherheitsvermeidung**
• Berechenbarkeit, Planbarkeit ist wichtig	• Berechenbarkeit, Planbarkeit weniger wichtig
• Strukturen, festgelegte Abläufe	• Flexibilität, reaktiv, situationsbezogene Abläufe
• Sicherheit durch Planungsvermögen	• Sicherheit durch Improvisationsvermögen
• eher aktiv, selbst bestimmt	• eher passiv, vorherbestimmt *(Insha' Allah)*
• geringe Ambivalenztoleranz	• hohe Ambivalenztoleranz

Religion ist Privatsache	Religiöse Orientierung
• Religion ist individuell	• Religion ist Gesellschafts- ordnung und Wirtschaftsfaktor

Diese Kulturstandards bestimmen, wie wir innerhalb einer Kultur miteinander kommunizieren, wie Arbeitsabläufe gestaltet sind, was Führungskompetenz bedeutet und wie sie inhaltlich bestimmt ist – kurzum alles, was menschliche Interaktion betrifft. Sobald man die Komponenten der Kulturstandards der «anderen» Kultur kennt, kann man das Verhalten des anderen einordnen und damit verstehen. Wo sind die kulturellen Unterschiede, und wie kann ich damit umgehen, sodass ich mein Ziel erreiche? Da es aber die oben erwähnten individuellen Toleranzbereiche gibt, ist es sinnvoll, einmal selbst zu prüfen, wie sach- oder beziehungsorientiert man selbst ist oder wie direkt oder indirekt man kommuniziert, um sich in diesem Orientierungssystem einordnen zu können. Denn auch der Handlungsbedarf richtet sich nach der individuellen Standortbestimmung. Ein Schweizer, der eher indirekt kommuniziert, wird in einer Kultur der indirekten Kommunikation, wie der arabischen, weniger Divergenzprobleme haben, als einer, der sehr direkt kommuniziert. Am Ende dieses Buches finden Sie daher einen personenzentrierten Kulturstandard-Test, mit dem Sie Ihre persönliche Einstellung testen können.

Tausendundeine Sichtweise:
Typisch deutsch! Typisch arabisch!

Unsere gegenseitige Wahrnehmung ist auch von Stereotypen und Klischees geprägt. Ob wir wollen oder nicht. Stereotypen ordnen die komplexe Realität, helfen, sich und den anderen einzuordnen, solange sie nicht in unreflektierte Vorurteile münden. In diesem Zusammenhang ist es sehr aufschlussreich, einmal zu sehen, welches Bild voneinander besteht, welche Kriterien der jeweils anderen Kultur zugeschrieben werden. Um einzuordnen: ja, der ist typisch arabisch oder eben nicht. Hierbei geht es nicht um objektiv nachweis-

bare Kriterien oder um *political correctness*, sondern um subjektive
Zuschreibungskriterien.

Abb. 4: «My home is my castle» (Karikatur: Hans Traxler, Deutschland)

Abb. 5: «Libyscher Nachtclub» (Karikatur: Muhammad az-Zwawi, Libyen)

In einer Reihe qualitativer Umfragen, die sowohl im deutschsprachigen Raum als auch im arabischen Raum im Zeitraum von 1992 bis heute quer durch alle Alters-, Berufs- und Bevölkerungsschichten erfolgte, wurde danach gefragt, was denn aus der Sicht des jeweils anderen typisch deutsch beziehungsweise typisch arabisch sei. Auch wenn diese informelle und qualitative Studie keinesfalls Anspruch auf Vollständigkeit erhebt, so zeigt sie eine interessante Tendenz in der jeweiligen Fremdsicht des anderen. Folgende Zuschreibungskriterien wurden am häufigsten genannt[3]:

Typisch deutsch! So sehen Araber Deutsche:

Positiv	Negativ
• zuverlässig	• detailversessen
• treu	• unflexibel
• zielstrebig	• penibel
• organisiert	• besserwisserisch
• präzise	• überheblich
• sachlich	• emotionslos
• motiviert	• verschlossen
• korrekt	• beziehungsarm
• kompetent	• humorlos
• ordungsliebend	• berechnend
• pünktlich	• kühl
• ehrlich	• arrogant
• fleißig	• zu direkt
• innovativ, gute Forscher	• undiplomatisch
• keine koloniale Vergangenheit im arabischen Raum	• nicht herzlich
	• zu sachorientiert

Typisch arabisch! So sehen Deutsche Araber

Positiv	Negativ
• gastfreundlich	• fanatisch
• offen	• radikal
• herzlich	• gefährlich
• flexibel	• irrational

Typisch arabisch! So sehen Deutsche Araber	
Positiv	**Negativ**
• kreativ	• hinterhältig
• humorvoll	• intolerant
• loyal	• unberechenbar
• halten zusammen	• gewalttätig
• familiär	• frauenfeindlich
• religiös	• zu emotional
• poetisch	• unehrlich
• essen, feiern gerne	• faul
• hilfsbereit	• undiszipliniert
• können gut improvisieren	• chaotisch
• sind spontan	• hauen einen über das Ohr

Ziel von interkulturell kompetentem Verhalten ist es, bewusst mit diesen Parametern umzugehen, bestehende Unterschiede und Abweichungen vom eigenkulturellen Muster zunächst ohne Bewertung zu akzeptieren, sich mit der anderen Kultur im Sinne des gemeinsamen Zieles auseinanderzusetzen, und zu erkennen, wie man aufgrund seines eigenen kulturspezifischen Verhaltens auf Menschen anderer Kulturen wirkt. Oder kurz gesagt: *For a better understanding.*

Die arabische Welt ist im Wandel. Auch wenn die oben vorgestellten arabischen Kulturstandards nach wie vor die Rahmenbedingungen des Verhaltens beschreiben, so sind die arabischen Gesellschaften und das Geschäftsleben gleichzeitig auch Veränderungen durch internationale Einflüsse unterworfen. Die Globalisierung hat auch hier, wie überall auf der Welt, Einzug gehalten und Verhaltensweisen verändert.

Umso wichtiger ist es daher, eine Situation auch diesbezüglich richtig einordnen zu können und zu differenzieren. Ob ein Emirati in Anzug oder *dishdasha*, dem traditionellen weißen Gewand, vor Ihnen sitzt, muss noch lange keinen Hinweis darüber geben, wie sehr er in der emiratischen Kultur verwurzelt ist und kulturimmanent handelt oder nicht.

Übrigens: Im arabischen Raum gibt es ebenfalls Witze über Menschen aus bestimmten Regionen. Das, was den Deutschen der Ostfriese, den Schweizern der Freiburger und den Österreichern der Burgenländer ist, ist in Ägypten der Sa'idi, in Syrien der Himssi, in Jordanien der Tufeli oder der Alhoti in Saudi-Arabien.

«Drei Sa'idis gehen in ein Kaffeehaus. Sie setzen sich an einen Tisch vor den Spiegel. Als der Kellner kommt, bestellen sie sechs Kaffee.»

«Wie feiert ein Ostfriese den 2. Advent? Er stellt sich mit einer Kerze vor den Spiegel.»

Bei allen kulturellen Unterschieden, es gibt mehr Gemeinsamkeiten, als man denkt.

4. Sichere Geschäftsanbahnung

Das erste Treffen

«How are you? When did you arrive?» Der ägyptische Geschäftsmann erkundigt sich im ersten Geschäftstreffen in Kairo ausgiebig nach dem Befinden seines deutschen Geschäftspartners. Dann beginnt er ein Gespräch über seinen Lieblingssport, Golf, während er seinem deutschen Gast ein paar Datteln aus seinem Garten anbietet. «Ah, Sie kommen aus Berlin?», und dann plaudert er freundlich über die Vorzüge dieser schönen Stadt, die er bereits mehrmals besucht hat. Dann zeigt er seinem deutschen Gast ein Stück Berliner Mauer, das er in der Vitrine ausgestellt hat und beginnt ein Gespräch über Goethe und den West-östlichen Diwan.

Der deutsche Geschäftsmann rutscht nervös auf seinem Stuhl, blickt verstohlen auf die Uhr. Eigentlich wollte er über Business sprechen, zu den Fakten kommen. Und nun rinnt die Zeit. Der nächste Termin drängt. Morgen geht sein Flug und es ist noch nichts in trockenen Tüchern. Kein Geschäftsabschluss in Sicht.

«Ich bin doch nicht hier, um über Golf, die Berliner Mauer oder Goethe zu plaudern», denkt er ärgerlich. «Was für eine Zeitverschwendung!» Und auch die freundliche Einladung seines ägyptischen Partners, ihm am nächsten Tag die Pyramiden zu zeigen, muss er ablehnen, denn dann sitzt er bereits im Flugzeug nach Deutschland.

Das erste Treffen und der sprichwörtlich gute erste Eindruck sind entscheidende Weichensteller für den geschäftlichen Erfolg.

Der Kulturstandard Beziehungsorientierung prägt die arabische Geschäftskultur entscheidend. Wer nicht in das Beziehungsnetz integriert ist, wird langfristig keinen geschäftlichen Erfolg im arabischen Raum haben. Erst eine solide Beziehungsebene ermöglicht eine langfristige und erfolgreiche Geschäftsbeziehung. Dieser Faktor wird von Personen aus sachorientierten Kulturen leider oft unterschätzt, dabei ist er im arabischen Raum wettbewerbsentscheidend. Die Wirtschaftskultur in den arabischen Staaten ist geprägt von Handel und Mobilität. Traditionellerweise mussten die (Wirtschafts-)Beziehungen immer neu ausgehandelt werden. Kaufen und Verkaufen ist eine Sache von Mensch zu Mensch, gegenseitiges Vertrauen ist die Basis, die persönliche Beziehung ein entscheidender Erfolgsfaktor.

Der langwierige Prozess der Vertrauensbildung hat ein Ziel: einen Geschäftspartner zu finden, mit dem sich künftig ohne lange Verhandlungen Geschäfte machen lassen. Araber bevorzugen im Business in der Regel Personen, die sie kennen, denen sie vertrauen. Mit «Fremden» macht man ungern Geschäfte. *Business is personal: Family and friends first* lautet die Devise. Gerade zu Beginn einer Geschäftsbeziehung ist es wichtig, viel Zeit in den Aufbau der persönlichen Beziehungsebene zu investieren, um eine solide Vertrauensbasis aufzubauen.

Ziel eines ersten Treffens aus arabischer Sicht ist es, sich gegenseitig kennenzulernen. Araber wollen wissen, mit wem sie es zu tun haben. Sie wollen erst den Menschen kennenlernen, dann die Fakten. Und das braucht Zeit. Viel Zeit. Geduld ist da angezeigt. Planen Sie bei einem ersten Treffen viel Zeit ein. Es kann sein, dass man Sie spontan einlädt, zum Essen, um etwas zu besichtigen, oder, oder, oder … Es wäre nicht nur sehr unhöflich, diese Einladungen dann aus Termindruck abzulehnen, es könnte auch das Aus Ihrer Geschäftsbeziehung bedeuten. Flexibilität ist entscheidend. Geschäftsanbahnungen in den arabischen Staaten dauern in der Regel deutlich länger als bei uns. Aber wenn eine solide Beziehungsebene aufgebaut ist, dann ist die Geschäftsbeziehung meistens von langer

Dauer, nachhaltig und von gegenseitiger unausgesprochener Verpflichtung zur Loyalität geprägt. Schnelle Abschlüsse sind in der Regel nicht möglich und auch nicht erwünscht.

Fallen Sie bei dem ersten Treffen nicht direkt mit der Tür ins Haus, überfrachten Sie das Gespräch nicht mit fachlichen oder sachlichen Details. Dazu kommen Araber später. Dann, wenn sie sich ein Bild über Sie als Mensch gemacht haben. Aus arabischer Sicht wird regelrecht «geprüft»: Ist das ein Mensch, dem ich vertrauen kann? Was hat er für Wertvorstellungen? Welchen Status hat er in seinem Land? (Ist das jemand, der mir in seinem Land auch weitere Türen öffnen kann?)

Bereits im ersten Gespräch wird durch Small Talk versucht, so viel wie möglich über das Gegenüber herauszufinden, um es besser einordnen zu können. Small Talk ist nicht nur Big Talk, es ist eine Strategie des Profiling. In der sogenannten «Beziehungsschnecke» werden alle relevanten Aspekte «abgeklopft», um sich ein Bild, ein Profil vom Gegenüber machen zu können. Und Schnecken sind nun einmal langsam.

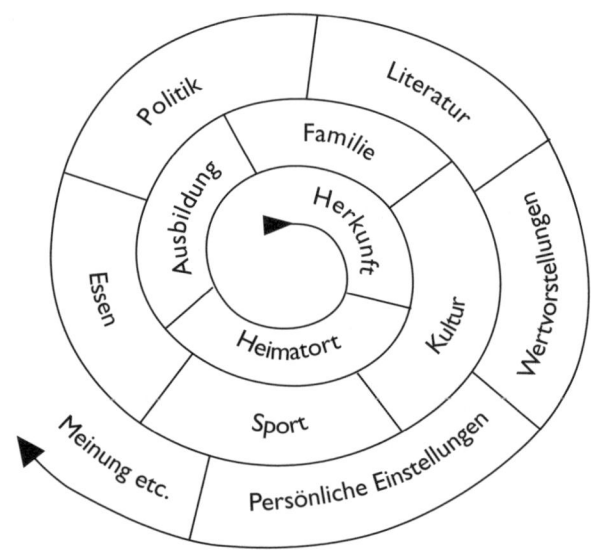

Abb. 6: Die Beziehungsschnecke

Dieses Profiling ist keine Einbahnstraße. Es ist als Dialog gedacht und man sollte selbst auch Fragen an das arabische Gegenüber stellen, schon allein, um sich ebenfalls ein Bild von ihm zu machen. Menschen aus sachorientierten Kulturen fällt dies oftmals deutlich schwerer, da sie es gewohnt sind, zu Beginn einer Geschäftsbeziehung zunächst die Sachebene zu bedienen. Alles andere gilt als wenig zielstrebig, unprofessionell, ineffizient und als Zeitverschwendung. Small Talk ja, aber bitte nur kurz «to break the ice», dann kommt man direkt zu den Fakten. Die Beziehungsebene ist der Sachebene untergeordnet.

Vermeiden sollte man in jedem Fall vor allem in der ersten Phase der Geschäftsanbahnung Tabuthemen. Dazu zählen Kontroversen über die Religion und über politisch brisante Themen, wie beispielsweise der Nahost-Konflikt, der Irak-Krieg, in Marokko die Frage der Westsahara sowie zum Teil auch die Kolonialzeit (vor allem in Algerien, aber auch in Marokko und Tunesien). Bei kontroversen Ansichten ist Zurückhaltung ratsam, um die Beziehungsebene nicht zu stören.

Es versteht sich eigentlich von selbst, sei an dieser Stelle aber nochmals explizit erwähnt: Über Familienprobleme, Ehe und andere persönliche Angelegenheiten spricht man an dieser Stelle auch im arabischen Raum nicht. Auch nach längerem Bekanntsein sind Familienprobleme in der Regel tabu.

Das erste Treffen im deutschsprachigen Raum eher:	arabischen Raum eher:
• kurzer einleitender Small Talk	• langer ausgiebiger Small Talk
• formale Position darstellen	• persönliche Ebene finden
• Sachkompetenz zeigen	• Gemeinsamkeiten betonen
• Anliegen knapp und präzise vortragen	• Anliegen erst am Schluss vortragen
• Zeit ist Geld, auf den Punkt kommen	• viel Zeit einplanen

Das erste Treffen im deutschsprachigen Raum eher:	arabischen Raum eher:
• Nutzen für das Unternehmen betonen = abschlussorientiert, sachbezogen	• Nutzen für den Gesprächspartner betonen = beziehungsorientiert, personenbezogen

Small Talk und zeitaufwendige persönliche Kontakte strapazieren Terminkalender und Reisebudgets, sie sind aber keine Zeitverschwendung, sondern sie sind und bleiben eine unverzichtbare Investition in den geschäftlichen Erfolg im arabischen Raum. Dazu gehört es auch, Geschäftliches mit Privatem zu verbinden, das stärkt die Beziehungsebene. Ganz nach dem Motto: *Business and pleasure all together.* Verbringen Sie mit wichtigen arabischen Geschäftspartnern auch Freizeit. Einladungen zu Geschäftsessen, sportliche und kulturelle Aktivitäten sind wichtige Brückenbauer. Gastfreundschaft gewähren und annehmen ist ein wichtiger Bestandteil der arabischen Geschäftskultur (siehe auch Kapitel 11, Seite 157 ff.). Zum Fundament einer guten Geschäftsbeziehung gehört es aus arabischer Sicht auch, sich gegenseitig einen Gefallen zu tun. Ich gebe dir, du gibst mir. Es ist üblich, um eine Gefälligkeit gebeten zu werden. Da ist ein Cousin, der gerne in Deutschland, der Schweiz oder Österreich studieren würde. Wird man um eine Gefälligkeit gebeten, sollte man in jedem Fall Hilfsbereitschaft signalisieren, statt direkt abzulehnen. Auch dann, wenn man der Bitte nicht entsprechen kann. Als Geste des guten Willens wird allein die Bemühung darum hoch angerechnet. Es geht darum, der gegenseitigen Verpflichtung symbolisch zu entsprechen.

Eine solide, vertrauensvolle Beziehungsebene ist auch für den Fortgang der Geschäftsbeziehungen entscheidend, da sie eine wichtige Rolle im Konfliktmanagement spielt. Aber dazu später mehr.

> Personen aus weniger sachorientierten Kulturen sind sehr wohl an
> guten Ergebnissen und Geschäftsabschlüssen interessiert. Nur sehen
> sie bei gestörten sozialen Beziehungen keine Möglichkeit dazu.

Man äußert Anliegen erst am Schluss einer Begegnung und dann auch meist eher beiläufig. Für Personen aus einer sachorientierten Kultur, in der man gleich zur Sache kommen sollte, stellt dies nicht selten eine Geduldsprobe dar. Die Geduld zahlt sich am Ende jedoch aus, denn Drängeln ist wenig zielführend.

Netzwerke aufbauen

In einer kollektiven Gesellschaft, in der Familien-, Clan- und Stammeszugehörigkeiten über Zugang zu Ressourcen bestimmen, ist es von zentraler Bedeutung, sich entsprechende Netzwerke vor Ort aufzubauen. Nur so können Sie Ihre Geschäfte auch erfolgreich realisieren.

Die arabischen Gesellschaften sind immer noch von sozialer Immobilität geprägt. Gesellschaftlicher Aufstieg ist in der Regel nach wie vor an die Zugehörigkeit zu einer bestimmten Familie gekoppelt. Es ist daher wichtig, die «richtigen», das heißt einflussreichen Familien zu kennen. In klientelistischen Gesellschaften ist das wettbewerbsentscheidend.

Das Prinzip *wisata/wasta*

Wörtlich heißt *wisata/wasta* «Vermittlung, Empfehlung, Fürsprache». Es ist die arabische Bezeichnung für Vitamin B. Ohne *wisata/wasta* läuft nichts, es ist die wichtigste vermittelnde Instanz, die in Anspruch genommen wird, wenn man einen Kontakt zu einer höheren Instanz oder in eine gesellschaftlich höhere Schicht benötigt.

Personen in wichtigen Positionen bedienen sich häufig ganzer Klientelnetzwerke und sind selbst wiederum Klienten von noch höher stehenden Patronen. Ob eine behördliche Genehmigung, eine Arbeitsstelle oder ein Autoreifen, *wisata/wasta* erleichtert den Zugang. Eine erfolgreiche Vermittlung fördert das Ansehen des *wasta*-Gebers – ein

Das Individuum ist eingebunden in ein Kollektiv, in ein Beziehungsnetz, das sowohl seine Rechte als auch Pflichten definiert. Die Familie und im Weiteren der Clan/Stamm ist im arabischen Raum nach wie vor die wichtigste soziale Einheit. Sie ist Kernstück der arabischen Gesellschaftsstruktur, Grundpfeiler und Bezugsrahmen eines jeden Individuums.

Der Einzelne ist stets abhängiges Mitglied der Familie beziehungsweise Großfamilie, Clan oder Stamm. Die Loyalität eines Individuums gilt in erster Linie der eigenen Familie. Das gilt auch im Geschäftsleben. Die Familie als primäre und wichtigste Solidargemeinschaft sorgt für die soziale Absicherung des Einzelnen (auch zum Teil in Ermangelung funktionierender staatlicher Sicherungssysteme). Gegenseitige Hilfe und Unterstützung innerhalb der Familie sind Verpflichtung für jedes Mitglied. Da kann es vorkommen, dass man an den Bruder oder Cousin weiterempfohlen wird, auch wenn dieser möglicherweise gar nicht qualifiziert ist oder das entsprechende Produkt teurer verkauft als die Konkurrenz aus der Nachbarfamilie. Hauptsache, es bleibt in der Familie. Sich der Familie zu widersetzen, ist im sozialen Wertekanon unstatthaft und unehrenhaft.

Diese soziale Struktur bedingt eine kollektivistische Ausrichtung des Individuums, die an Bedürfnissen der Gruppe orientiert ist. Beziehungen werden dabei wichtiger genommen als Regeln oder Sachverhalte. Die Beziehungsebene bestimmt darüber, ob ein Individuum zur *ingroup* (Familie/Freund) oder zur *outgroup* (Fremder/potenzieller Feind) gehört. Innerhalb der sozialen Einheiten wie Familie, Großfamilie, Clan oder Stamm gibt es stets eine Binnenkonkurrenz, die sich je nach Abgrenzung oder Vergemeinschaftung verschiebt, wie in folgendem arabischen Sprichwort zum Ausdruck kommt: Ich gegen meinen Bruder, mein Bruder und ich gegen unseren Cousin, unser Cousin, mein Bruder und ich gegen den Nachbarn.

Individualismus	Kollektivismus
• Selbstbestimmung	• Bestimmung durch die Gruppe
• Selbstständigkeit	• Verbundenheit
• Unabhängigkeit	• Abhängigkeit von der Gruppe
• persönliche Meinung	• Harmonie, Loyalität, Gruppenmeinung
• Distanz	• Nähe
• Low-Context-Kommunikation	• High-Context-Kommunikation

Sie haben vielleicht schon einmal von einem arabischen Geschäftspartner den Satz gehört «You're my friend» oder «You're my brother». Beides sind übliche Formulierungen, um zu signalisieren, dass man in der *ingroup* ist, das heißt, «einer von uns». Es ist viel geschrieben worden über das arabische «Freund-Feind-Schema», das sich auch in der Lob- und Schmähdichtung der arabischen Lyrik wiederfindet, die zwischen sich keine Graustufen kennt. Entweder man ist gelobt – dann über alle Maßen – oder man ist verschmäht – und auch dann über alle Maßen. Und das trifft auch aufs Geschäftsleben zu.

In der Regel hat man es nicht nur mit einem Geschäftspartner als Individuum zu tun, sondern mit der dazugehörigen sozialen Gruppe (Familie, Clan, Stamm). So kommt es nicht selten vor, dass zu einer Besprechung unangemeldet gleich mehrere Familienmitglieder oder gute Bekannte dazukommen. Das ist in kollektiven Gesellschaften ganz normal und gibt einem die Chance, das Netzwerk zu erweitern.

Um einer kollektiven, beziehungsorientierten und sozial immobilen Gesellschaft Rechnung zu tragen, ist es in den arabischen Staaten von Vorteil, sich von einer angesehenen und einflussreichen Person vorstellen zu lassen. Je höher deren Ansehen, desto besser für

Sie. Die richtige Empfehlung kann für eine Geschäftsanbahnung entscheidend sein. Empfehlungsmarketing ist zielführend – auch in eigener Sache. Begegnungsplattformen wie Messen, Konferenzen, Kongresse, Fachtagungen, Wirtschaftsforen, Delegationsreisen, gesellschaftliche Ereignisse und sonstige Veranstaltungen eignen sich bestens, um erste persönliche Kontakte zu knüpfen. Unpersönliche Mailings sind wenig zielführend in einer personenorientierten Kultur wie der arabischen.

Who is your sponsor?

In einigen arabischen Staaten benötigen Sie als nicht Ansässiger einen lokalen Sponsor für geschäftliche Transaktionen. Meist fungieren diese Sponsoren lediglich als «stille» Schirmherren beziehungsweise Teilhaber. Es ist jedoch unbedingt ratsam, sich mit der Auswahl des Sponsors Zeit zu lassen und erst entsprechende «Insider»-Informationen einzuholen. Lassen Sie sich nicht zu vorschnellen Verträgen drängen. Die Auswahl des richtigen Sponsors ist für den geschäftlichen Erfolg entscheidend, denn der Sponsor ist wie ein Aushängeschild. Vor allem in Dubai ist Vorsicht vor selbst ernannten Sponsoren geboten, die angeblich über beste Verbindungen zu dem Herrscherhaus der Al-Maktoum verfügen.

Auch die Vergabe von exklusiven Vertriebsrechten und Alleinvertretungen («sole agent»/«sole distributor») sollte vorher genau geprüft werden. In manchen Fällen fährt man mit einer «open-market policy» oder der Begrenzung der Produkte oder Vertriebsgebiete besser.

Präsentation des Unternehmens

Zu einer optimalen Präsentation des Unternehmens zählen hochwertige Firmenkataloge und Informationsmaterial. In Marokko, Algerien und Tunesien sollten sie in französischer Sprache, im Rest des arabischen Raumes in englischer Sprache vorliegen. Ein französischer beziehungsweise englischer Internetauftritt wird erwartet. Gebrauchsanweisungen, Anleitungen oder ähnliches können zudem in arabischer Sprache vorliegen. Die Zeiten im arabischen Raum sind längst vorbei, da man mit schlecht kopiertem Material punkten konnte. Hochwertiger Druck, ansprechende Haptik und modernes Design sind inzwischen überall Standard.

Gebrauchsmuster oder Ansichtsmaterial werden gerne gesehen; wie noch immer auf dem Souq begutachtet man gerne selbst die Produkte, sofern möglich. Haptik spielt eine große Rolle. Bei der Präsentation des Unternehmens sollten die Firmengeschichte, etwa der Verweis auf ein Traditionsunternehmen, die Bedeutung auf dem nationalen/internationalen Markt, Referenzprojekte (Statussymbol), die berühmten USPs, der Verweis auf maßgeschneiderte Lösungen, persönliches Engagement und die Formulierung einer Vision in den Vordergrund gestellt werden, sie sind wichtiger als Daten und Fakten. Die Visualisierung der Firmengeschichte und/oder Firmenphilosophie, gegebenenfalls auch in einem kleinen Film, kommt in der Regel sehr gut an. Es empfiehlt sich zudem, bei einer ersten Präsentation keine vorbereitenden Vertragsunterlagen zu zeigen, dazu kommt man später.

Viel wichtiger ist es, das Interesse an einer langfristigen Kooperation unter Betonung des gemeinsamen Interesses und Nutzens für den Gesprächspartner zu kommunizieren. Geschäftliche und fachliche Details werden in der Regel erst in Folgetreffen besprochen. Hinterlassen Sie Ihre Persönlichkeit!

Visitenkarten

Visitenkarten sind auch im arabischen Raum ein Statussymbol. Sie sind meist aufwendig gestaltet. Nehmen Sie ausreichend Visitenkarten mit, Sie werden viele brauchen. Oft kommen zu Geschäftstreffen auf arabischer Seite mehr Personen mit als vorher angekündigt. Auf der Visitenkarte sollten in jedem Fall Titel und Position (am besten Handlungsvollmacht) vermerkt sein. Die Visitenkarten werden nach der ersten Begrüßung ausgetauscht. Bitte nicht mit der linken Hand, sie gilt im arabisch-islamischen Kulturkreis als unreine Hand (siehe Seite 170). Behandeln Sie die Visitenkarte Ihres Gegenübers mit Respekt. Dazu gehört auch, dass man die Karte anschaut und erst dann einsteckt. Machen Sie sich keine Notizen darauf in Anwesenheit des arabischen Geschäftspartners.

Begrüßung

Die Begrüßung nimmt eine zentrale Position in der arabischen Kommunikation ein. Sie dient der gegenseitigen Einschätzung. Die Art und Weise der Begrüßung hängt dabei von Situation, Status, Alter, Geschlecht und Stand der Beziehung ab. Begrüßt man eine höherrangige Person (Status, Alter), so wartet man ab, ob und wie man begrüßt wird und reagiert entsprechend. Auch als Gast wartet man erst ab, wie der Gastgeber begrüßt.

Bei einem ersten Treffen ist unter Männern die Begrüßung per Handschlag mit leichtem Händedruck und Blickkontakt üblich. Der im deutschsprachigen Raum unter Männern übliche feste Händedruck wird überwiegend als unangenehm empfunden. Je enger die Beziehungsebene ist, desto länger und körperbetonter fällt die Begrüßung aus, etwa bei Freunden und Verwandten. Hierbei gibt es unterschiedliche Variationen, man umarmt sich mehrmals, gibt sich mehrere Wangenküsse oder aber, man begrüßt sich auf die beduinische Art mit dem Nasenkuss (nur üblich unter den Beduinen der arabischen Halbinsel).

Respektpersonen und ältere Menschen werden im arabischen Raum mit besonderem Respekt und Ehrerbietung behandelt. Eine besondere Hochachtung ist das Küssen der Stirn, der Kopfbedeckung oder des Handrückens des Gegenübers. Viele Araber führen bei der Begrüßung ihre rechte Hand zu ihrem Herzen, um damit besonderes Wohlwollen und im wahrsten Sinne des Wortes ihre Herzlichkeit auszudrücken. Wenn man einen Raum mit mehreren Personen betritt, ist es üblich, erst den Gastgeber, dann den Ältesten und schließlich die anderen Anwesenden zu begrüßen – es sei denn, man wird den Personen vom Gastgeber vorgestellt. Dann bestimmt natürlich er die Reihenfolge. Es ist üblich, alle Anwesenden zu begrüßen (ausgenommen das Personal).

Allen Begrüßungsritualen ist gemein, dass man sich ausgiebig und mehrmals nach dem Wohlbefinden erkundigt, sowohl nach dem Wohlbefinden des Gegenübers als auch nach dem seiner Familie. Dieses Ritual des wortreichen Frage- und Antwortspiels wiederholt sich mehrfach und kann sich für Personen aus dem deutschsprachigen Raum sehr lange hinziehen. Man erlebt es oft, dass man sich ausgiebigst nach dem gegenseitigen Wohlbefinden erkundigt hat, um dann, nur nach einer kurzen Abwesenheit, die gleiche Prozedur mit den gleichen Anwesenden aufs Neue zu wiederholen. Auf die Frage «Wie geht es?» antwortet man übrigens stets: «Danke, gut!» *(bikhair, al-hamdu li-llah)*. Ähnlich wie im deutschsprachigen Raum möchte keiner an dieser Stelle wirklich wissen, wie es einem geht. Die genaue Beschreibung der tatsächlichen Befindlichkeit ist hier fehl am Platz.

> Man erkundigt sich stets nach dem Wohlbefinden der Familie, nicht nach dem Wohlbefinden der Ehefrau/Ehemann. Das wäre unhöflich.

Bei der Begrüßung ist gegebenenfalls je nach Umfeld auch das gegengeschlechtliche Distanzverhalten zu beachten. Als Mann sollte man stets abwarten, ob die arabische Dame einem die Hand reicht. Wenn ja, erwidern Sie den Händedruck leicht. Wenn nein, genügt ein kurzes Kopfnicken. Ein allzu intensiver Blickkontakt wird als anstößig empfunden und kann die Dame in Schwierigkeiten bringen.

Als Geschäftsfrau sollte man direkten Körperkontakt beziehungsweise intensive Umarmungen mit Männern vermeiden, es sei denn, man kennt sich schon lange und ist in die Familie integriert. Aber auch hier wird Zurückhaltung gerne gesehen. Ein formelles, kurzes Händeschütteln erfolgt dann, wenn Ihnen die Hand gereicht wird. In einem traditionell geprägten religiös-konservativen Umfeld wird auch gegengeschlechtliches Händeschütteln vermieden, wenn man in keinem engen verwandtschaftlichen Verhältnis zueinander steht. Hier genügt ein kurzer, nicht zu intensiver Blickkontakt und ein kurzes höfliches Kopfnicken. Ist eine männliche Begleitung dabei, wartet man ab, ob er die Dame zur Begrüßung vorstellt. Unter Frauen braucht man diese Zurückhaltung nicht walten zu lassen. Dennoch empfiehlt sich auch hier, vor allem beim ersten Treffen, erst einmal abzuwarten, wie man begrüßt wird. Mit der Devise «eher reagieren als agieren» fährt man in jedem Fall am besten.

Hinweis: Wenn arabische Männer in einem traditionell geprägten religiös-konservativen Umfeld Sie als Frau nicht grüßen, Sie ignorieren und nicht ins Gespräch einbeziehen, dann ist das ein Beweis von Ehrerbietung und Respekt und keineswegs eine Beleidigung. Als Geschäftspartnerin wird man Sie jedoch in jedem Fall in Ihrer Funktion als Geschäftsfrau ernst nehmen, solange Sie körperliche Distanz wahren und nicht zu persönlich werden. (siehe auch Kapitel 10, Seite 134 ff.)

Körperdistanzzonen

Im arabischen Raum gelten andere Körperdistanzzonen als im deutschsprachigen Raum. Während wir einen Körperabstand von mindestens einer Armlänge wünschen, haben Araber (und mit ihnen generell Menschen aus südlichen Ländern) ein anderes Körperdistanzverhältnis. Nach unserem Verständnis «rücken sie uns auf die Pelle». Eine halbe Armlänge ist für sie ein angemessener Körperabstand (Mann/Mann, Frau/Frau).

Diese aus unserer Sicht vergleichsweise geringe Körperdistanz führt nicht selten dazu, dass wir vor unserem Gegenüber automatisch zurückweichen. Dieses Zurückweichen wird von Arabern mit Nichtmögen und vor allem mit Nichtvertrauen gleichgesetzt. Man sollte also darauf vorbereitet sein (siehe auch Beispiel auf Seite 50), auch wenn es unserem Distanzbedürfnis nicht entspricht. In arabischen Ländern ist ein enger Körperkontakt nur innerhalb der gleichen Geschlechter üblich.

Es ist also völlig normal, wenn sich Männer Hand in Hand in der Öffentlichkeit zeigen, und etwa so über die Straße gehen. Immer wieder fragen mich Teilnehmer in meinen Seminaren, ob es im arabischen Raum denn so viele Homosexuelle gebe, da man so viele

Männer Hand in Hand sehe… Ein solches Verhalten wird bei uns als Ausdruck einer gleichgeschlechtlichen Liebesbeziehung angesehen und entsprechend bewertet. Im arabischen Raum ist es unter Männern schlicht normal, ohne entsprechende Konnotation. Gleichzeitig gilt die höchstmögliche Körperdistanz zum anderen Geschlecht. Eine geringe Körperdistanz zwischen Männern und Frauen in der Öffentlichkeit wird als anstößig bewertet. Der Austausch von Zärtlichkeiten zwischen Mann und Frau, auch Ehepaaren, ist in der Öffentlichkeit nach wie vor tabu.

Dresscode

Status, Prestige und Ansehen spielen in den arabischen Staaten eine große Rolle (siehe auch Kapitel 7, Seite 110 ff.). Man zeigt gerne, was man hat. Nachlässige und minderwertige Kleidung wird als Mangel an Wohlstand, Status, guter Erziehung und Bildung angesehen. Man bewegt sich in einer formalen Gesellschaft, in der auf ein korrektes Äußeres geachtet wird. Bei Geschäftstreffen gilt daher für Männer: Immer mit Anzug und Krawatte (egal bei welcher Temperatur). Bei all zu hohen Temperaturen wird ein aufmerksamer Gastgeber Ihnen anbieten, das Jackett abzulegen. Achten Sie daher auf eine gute Qualität Ihres Hemdes. Das gilt ebenso für Anzug, Krawatte, Schuhe und die Uhr. Bei privaten Einladungen wird auch legere Kleidung *(casual look)* akzeptiert. Man sollte in jedem Fall kurze Hosen vermeiden, sie wirken aus arabischer Sicht lächerlich und sind nur bei sportlichen Aktivitäten angebracht.

Für Frauen im Geschäftsleben gilt:

Auch wenn sich in den meisten arabischen Staaten die Kleidervorschriften enorm gelockert und «verwestlicht» haben, ist man als Geschäftsfrau nach wie vor mit hochwertiger, eleganter aber dezenter Kleidung immer richtig gekleidet. Wer zu viel zeigt, hat verloren. Ein zu tiefes Dekolleté, ein zu hoher Beinschlitz sind auch in Ländern wie Tunesien oder dem Libanon im Geschäftsleben nach wie vor zu vermeiden – auch wenn man es dort vielerorts inzwischen sieht. Man genießt nach wie vor mehr Respekt, wenn man sich nicht allzu offenherzig zeigt (siehe auch Seite 153 ff.).

In einem eher traditionell geprägten religiös-konservativen Umfeld sollte man auf körperbetonte Kleidung verzichten und stets Arme und Beine bedeckt haben. Bloße Schultern und Oberarme sind hier in jedem Fall zu vermeiden. Ein Kostüm mit längerem Rock und Strümpfen, ein Hosenanzug oder ein längeres Mantelkleid ist die richtige Garderobe für ein Geschäftstreffen in diesem Umfeld. In Saudi-Arabien müssen Frauen die lokalen Kleidervorschriften beachten. Hier ist es notwendig, die *abaya* zu tragen und empfohlen, den Kopf zu bedecken. Die Einhaltung solcher Regeln dient dem Selbstschutz und schafft Respekt.

Bei Empfängen und Abendveranstaltungen ist es hilfreich, sich vorher nach der Garderobe zu erkundigen. Hier werden – je nach Land und sozialem beziehungsweise religiösem Umfeld – dezente bis dekolletierte Abendkleider getragen. Auch hier gilt: Tragen Sie qualitativ hochwertige Kleidung, vermeiden Sie in jedem Fall den bequemen «Schlabberlook». Die elegante und sozial sehr engagierte Königin Rania von Jordanien ist nicht nur in modischer Hinsicht ein Vorbild für viele junge Frauen in der arabischen Welt.

Übrigens: Kleidung ist in der arabischen Welt ein Symbol sozialer Distinktion. An der Kleidung kann man die regionale und soziale Herkunft erkennen. Die traditionelle Kleidung der Emiratis *(dishdasha)*, der Ägypter *(galabiya)* oder Marokkaner *(jellaba)* sollte daher nur von ihnen selbst getragen werden. Kein Ägypter würde auf die Idee kommen, eine *dishdasha* zu tragen, kein Golfaraber würde eine *galabiya* tragen. Umso unpassender wäre es, einen Nichtaraber darin zu sehen.

Follow-Up

Nach erfolgreicher Geschäftsanbahnung ist das Follow-Up entscheidend. Das wird von Geschäftspartnern im deutschsprachigen Raum oftmals unterschätzt. Sie kehren nach einer Erfolg versprechenden Geschäftsreise zurück, den Auftrag vermeintlich in der Tasche und melden sich dann eine Zeit lang nicht mehr bei ihrem arabischen Partner. Denn aus ihrem sachorientierten Verständnis ist ja alles geklärt. Aus arabischer Sicht kann das aber bedeuten: aus den Augen, aus dem Sinn.

Insbesondere in den arabischen Golfstaaten, die derzeit einen weltweiten Run auf sie erleben, kann man dann schnell aus dem Rennen sein. Kontinuität und Stetigkeit im Geschäftskontakt sind ein zentraler Erfolgsfaktor in der arabischen Welt. Präsenz vor Ort ist entscheidend. Mehrere Geschäftstreffen im Jahr sind ein «must», auch wenn sie Reisebudgets und Terminkalender strapazieren. Sie sind eine unerlässliche Investition für den Erfolg.

An erster Stelle steht das persönliche Treffen mit dem arabischen Geschäftspartner (Face-to-face-Kontakt), danach sollte der Kontakt per Telefon konsequent gehalten werden. Das Handy ist hierbei die beste, da direkteste Variante. Jeder arabische Geschäftsmann hat in der Regel mehrere Handys, geschäftlich und privat. Je enger die Beziehungsebene, desto schneller bekommt man natürlich alle Telefonnummern, auch die private, denn Erreichbarkeit immer und überall ist Usus.

Apropos Erreichbarkeit: Da sich Berufs- und Privatleben im arabischen Raum überschneiden, erwartet man in der Regel auch vom deutschsprachigen Geschäftspartner Erreichbarkeit, auch nach Feierabend. Faxe oder E-Mails ohne vorherigen direkten persönlichen Kontakt landen nicht selten ungelesen im Papierkorb. Entscheidend ist der persönliche Kontakt vor Ort.

«When do I see you?», diese Frage hört man oft und für uns in sehr kurzen Zeitabständen. Der freundliche Vorwurf: «I haven't seen you for ages», nachdem man gerade vor einem Monat vor Ort war, ist durchaus ernst zu nehmen. Singt nicht auch die berühmte libanesische Sängerin Fairuz *suruni kulli sana marra, haram tinsuni bi-l-marra* (Besucht mich jedes Jahr (mindestens) einmal, es wäre eine Sünde, würdet Ihr mich völlig vergessen).

Etikette bei der Anrede

Geschäftssprache

Die Geschäftssprache im arabischen Raum variiert und richtet sich noch überwiegend nach der jeweiligen ehemaligen Kolonialmacht. In den frankofon geprägten Ländern wie Marokko, Tunesien, Algerien und zum Teil Libanon und Syrien überwiegt Französisch als Geschäftssprache. Allerdings gewinnt auch hier Englisch im internationalen Kontakt an Bedeutung.

Im Norden Marokkos wird zudem auch Spanisch gesprochen, auch das ein Relikt der spanischen Kolonialmacht. In Marokko, Algerien und Tunesien ist Französisch trotz einer staatlich forcierten Arabisierungspolitik seit den Sechzigerjahren nach wie vor die Bildungssprache. Die Arabisierung der Verwaltung ist jedoch inzwischen auch im Maghreb deutlich vorangeschritten, in Tunesien beispielsweise sind Gas-, Wasser-, Strom- und Telefonrechnungen ausschließlich auf Arabisch verfasst. In Tunesien und in Libyen wird zum Teil auch Italienisch gesprochen.

In Libyen, Ägypten, den Palästinensischen Autonomiegebieten, Irak, den arabischen Golfstaaten und der arabischen Halbinsel sowie zum Teil im Libanon und Syrien überwiegt Englisch als Geschäftssprache. Sie werden im Geschäftsleben fast überall also ohne Arabisch auskommen. Ausnahme: Anträge und Eingaben bei staatlichen Behörden und Ämtern müssen in der Regel auf Arabisch eingehen.

Sowohl Französisch und Englisch gelten im gesamten arabischen Raum als moderne Verkehrssprachen und werden im Kontakt mit nichtarabischen Geschäftspartnern bevorzugt. Dennoch wird es vielerorts gerne gesehen, wenn man als Geste des guten Willens einige Redewendungen auf Arabisch kennt, das kommt vor allem bei arabofon geprägten Geschäftspartnern gut an und zeigt Respekt vor der arabischen Kultur.

Dazu sollte man jedoch auch wissen, dass es in den frankofon geprägten Eliten der arabischen Welt bis heute noch als verpönt gilt, Arabisch zu sprechen. Man spricht Arabisch mit den Hausangestellten, parliert indes eloquent in bestem Pariser Akzent mit sozial Gleichgestellten. Sprache war und ist im arabischen Raum stets auch ein Zeichen von sozialer Distinktion. Übrigens: Viele Araber sprechen auch Deutsch.[1]

Arabische Namen

«Mohammed, wer?» Arabische Namen stellen nichtarabische Geschäftspartner oftmals vor große Herausforderungen. Denn sie bestehen meist aus mehreren Namensbestandteilen, und man weiß nicht, mit welchem man den Namensträger denn nun richtig ansprechen soll. Vor allem auch, weil es in der arabischen Welt unterschiedliche Handhabungen gibt.

Traditionelle arabische Namen, so wie wir sie heute noch auf der arabischen Halbinsel und in den arabischen Golfstaaten antreffen, bestehen aus mehreren Elementen und geben Auskunft über die Verwandtschaftsverhältnisse sowie über die geografische oder gesellschaftliche Herkunft der Person. Traditionellerweise konnte man so an dem Namen die exakte genealogische Herkunft eines Menschen bestimmen. Der Name Muhammad ibn Umar ibn Muhammad ibn Abdallah al-Halabi kann wie folgt entschlüsselt werden:

Namenselement		Bedeutung		Arabischer Begriff
Muhammad	=	eigener Vorname	=	ism
ibn	=	Sohn von	=	nasab
Umar	=	Vorname des Vaters	=	ism al-ab
ibn	=	Sohn von	=	nasab
Muhammad	=	Vorname des Groß-vaters väterlicherseits	=	ism al-jidd
ibn	=	Sohn von	=	nasab
Abdallah	=	Vorname des Urgroß-vaters väterlicherseits	=	ism abu al-jidd
al-Halabi	=	Familienname	=	nisba

Muhammad ist also der Sohn des Umar, Enkel des Muhammad, Urenkel des Abdallah, aus der Familie al-Halabi (wörtlich: der Aleppiner; die Familie stammte also ursprünglich aus Aleppo). Sein Stammbaum ist somit in seinem Namen verewigt. Üblich ist eine Angabe von bis zu drei Generationen, wobei nur die väterliche Abstammungslinie maßgeblich ist. Bei Frauen wird die genealogische Abstammung durch ein entsprechendes *bint* (Tochter von) kenntlich gemacht. Auch hier gilt wieder nur die Abstammung väterlicherseits. Aisha bint Ahmad ist die Tochter des Ahmad.

Die *nisba* enthielt traditionellerweise entweder Angaben zu dem Stamm (al-Sa'ud, Stamm der Sa'ud), zu dem Stammvater (Ibrahim), dem Herkunftsort (al-Halabi, der Aleppiner), zur Berufsbezeichnung (al-Mawardi, der Rosenwasserhändler) oder war ein Spitzname, auch *laqab* genannt (al-Tawil, der Lange).

Dieses Prinzip ist uns übrigens keineswegs fremd. Denn auch unsere Familiennamen waren ursprünglich ebenfalls Rufnamen (Christiansen = Christians Sohn), Herkunftsnamen (Altenberger), Berufsbezeichnungen (Müller, Meier) oder Spitz- beziehungsweise Übernamen (Lange).

Arabische Vornamen haben meist eine konkrete Bedeutung. So bedeutet Abdallah «Diener Gottes», Muhammad «der Gepriesene», Karim «der Großzügige, Edle», Amira «die Prinzessin», Malika «die Königin» oder Nur «das Licht».

Wird man Vater oder Mutter eines Sohnes, so erhält man die sogenannte *kunya*, einen ehrenvollen Beinamen: *abu* (Vater von) beziehungsweise *umm* (Mutter von). Die *kunya* wird in der Regel vor den eigenen Vornamen gestellt: Abu Karim Muhammad ibn Umar ibn Muhammad etc. (der Vater von Karim, Muhammad ibn Umar etc.). Die *kunya* wird nur mit dem Namen des erstgeborenen Sohnes gebildet.

Allerdings ist die *kunya* in Marokko, Tunesien und Algerien als Vorname weniger gebräuchlich als im übrigen arabischen Raum, wo sie als ehrenvolle Bezeichnung gerne anstelle des eigenen Vornamens verwendet wird. Sie ist in Libyen und dem Mashrek zudem

Ausdruck von Vertrautheit. Sie wird hier auch als Kunstform gebraucht, etwa um eine besondere Verehrung zum Ausdruck zu bringen. So wurde Jassir Arafat ehrenvoll auch *Abu Ammar* genannt, nicht etwa, weil er einen Sohn mit diesem Namen hatte. Ammar bezeichnet im arabischen «ein Land am Leben erhalten, blühend machen». Die berühmte ägyptische Sängerin wurde unter dem Namen Umm Koulthoum bekannt.

Im 20. Jahrhundert wurden in den arabischen Ländern mit Ausnahme der arabischen Halbinsel und der arabischen Golfstaaten *ein* Vorname und *ein* Familienname nach westlichem Vorbild eingeführt, meist noch durch die ehemalige Kolonialverwaltung. Während der eigene Vorname bestehen blieb, wurde der Nachname sehr willkürlich und uneinheitlich festgelegt, sodass wir heute eine große Variation an arabischen Nachnamen haben. Hierbei gibt es unterschiedliche Formen:

Meist wurde die *nisba* als Familienname verwendet. Man erkennt sie an dem arabischen Artikel al- (al-Misri, der Ägypter) beziehungsweise an dem Al-, was wörtlich «aus der Sippe» bedeutet und oft mit dem Artikel verwechselt wird (Al-Nahyan bedeutet «aus der Sippe der Nahyan»). Im Maghreb gibt es die berberische Variante Aït (Stamm) beziehungsweise n' Aït (von dem Stamm). An diesem Namensbestandteil erkennt man übrigens einen Berber/Amazigh im Maghreb (Hocine Aït Ahmed).

Eine weitere Variante ist die *kunya*. Auch sie erscheint als Nachname, beispielsweise in der Form von Abu Ahmad im Mashrek oder in der maghrebinischen Variante Abou beziehungsweise Bou (Muhammad Bouslama, Habib Bourguiba = Abu Ruqaiba). Schließlich wird auch der *nasab* als Nachname verwendet, etwa Ibn Hisham im Mashrek, im Maghreb *ben* (von *ibn* abgeleitet, Tahar Benjelloun) oder der berberischen Variante *ould* (berberisch: Sohn von, Ould Hammouda). Auch historische Persönlichkeiten sind unter ihrem *nasab* bekannt, etwa der berühmte Historiker Ibn Khaldun.

Christen im arabischen Raum erkennt man in der Regel an ihrem Vornamen. Geläufig sind hier beispielsweise Vornamen wie George,

Michel, François, Antoine oder Mary. Ein Christ würde keinen typisch muslimischen Namen, wie Muhammad oder Ali tragen. Einige Vornamen, wie Meryem (arabische Variante von Maria) oder Yaqub (arabische Variante von Jakob) werden allerdings von beiden Religionsgemeinschaften verwendet und lassen sich daher nicht immer eindeutig zuordnen. Auch Isa («Jesus») ist ein gebräuchlicher Name bei Muslimen.

Mohamed oder Muhammad? 1001 Schreibweise

Vielleicht ist es Ihnen auch schon einmal so ergangen. In der Korrespondenz mit Ihren arabischen Geschäftspartnern tauchen mehrere Schreibweisen ein und desselben arabischen Namens auf. Das hängt damit zusammen, dass das arabische Alphabet Buchstaben hat, die über kein Äquivalent in der lateinischen Schrift verfügen. Während die arabische Schrift den Vorteil einer orthografischen Eindeutigkeit hat, denn jedem Laut entspricht ein Buchstabe, so gibt es für die phonetisch adäquate Wiedergabe in lateinischen Buchstaben keine verbindliche einheitliche Schreibweise.

Die Schreibweise der Transskription richtet sich im arabischen Raum oft nach der ehemaligen Kolonialmacht. So wird im Maghreb (mit Ausnahme von Libyen) die französische Schreibweise, im Mashrek vorwiegend die englische Schreibweise gebraucht. Ein Beispiel: der arabische Name Hischam wird in Marokko nach französischem Vorbild Hichem, in Jordanien nach englischem Vorbild Hisham geschrieben. Das Gleiche gilt übrigens auch im Briefverkehr. Wenn Sie sich an die üblichen Regeln des guten Tons im Briefverkehr der jeweiligen Sprachen halten, machen Sie keinen Fehler.

Grundsätzlich gilt: Schriftliche Geschäftskorrespondenz bleibt im gesamten arabischen Raum in der Regel über einen langen Zeitraum formell, das gilt auch für E-Mails. Erst nach längerem persönlichem Bekanntsein wird der Ton informeller. Will man der offiziellen Korrespondenz eine persönliche Note verleihen, so erfolgt bei Briefen ein handschriftlicher Zusatz, wobei die formelle Ansprache im Briefkopf bestehen bleibt. Bei der jüngeren Generation hat sich dieser Formalismus jedoch deutlich verringert, hier ist man sehr viel informeller. Vor allem, wenn man in den USA studiert, gelebt oder gearbeitet hat. In jedem Fall geht man auf Nummer sicher mit der Devise: Lieber zu formell als zu informell.

Ansonsten sollte man aufgrund der schon fast unübersichtlichen Vielfalt der Schreibweisen arabischer Namen bei behördlichen Vorgängen auf die Schreibweise in offiziellen Dokumenten (Pass, Führerschein) zurückgreifen. Allerdings können auch diese unterschiedlich sein.

Vornamen beachten

In den arabischen Golfstaaten und auf der arabischen Halbinsel ist die Anrede mit dem Vornamen üblich (Mr. Ahmed, Mr. Hans). Dies ist keineswegs gleichbedeutend mit einer informellen Ansprache, die unserem Duzen entspricht. So heißt das Staatsoberhaupt der VAE korrekt in der Kurzform H.H. Shaikh Khalifa und nicht etwa: H.H. Shaikh Al-Nahyan. Diese Form hat sich ursprünglich durchgesetzt, um die einzelnen Familienmitglieder der großen arabischen Familien, Clans und Stämme voneinander unterscheiden zu können. Und auch die für Araber oftmals komplizierten westlichen Nachnamen ermutigten zum formellen Gebrauch der Vornamen im Geschäftsleben. Der akademische Titel wird einfach vor den Vornamen gestellt: Dr. Ahmed oder Dr. Hans wäre hier die jeweils korrekte mündliche formale Anrede. Im Arabischen lautet das dann: *ad-duktur* Hans oder *ad-duktura* Sabine. Auch im Schriftverkehr hat sich diese Form in dieser Region weitgehend durchgesetzt.

Und noch etwas: Die arabische Sprache kennt keine Unterscheidung für Duzen/Siezen. Im normalen Kontext duzt man sich also automatisch. Eine höfliche und respektvolle Anrede, vor allem gegenüber Älteren oder Respektspersonen, erfolgt durch die Formulierung *hadhritak* (männlich)/ *hadhritik* (weiblich), was wörtlich bedeutet «deine Anwesenheit = Sie». Vor der Anrede steht stets der Ausruf *ya*, gefolgt von der Bezeichnung, die sich genauer auf die

Person, Stellung oder Position bezieht, etwa *ya sayyidi* (O mein Herr, ohne Nachname) beziehungsweise *ya sayyidati* (O meine Dame), *ya hajj* (O mein Hajj). Die höfliche Vorstellung einer Person lautet *hadha as-sayyid* Müller (Das ist Herr Müller).

Bei einer informellen, persönlichen Anrede wird in Libyen und dem Mashrek oft die *kunya* gebraucht, zum Beispiel Abu Hassan. Nicht selten erhalten auch westliche Geschäftspartner bei näherem Kennen einen solchen Ehrennamen, der da lauten kann, Abu Michael oder Umm Hans.

Traditionelle Titel und hohe Würdenträger

Die arabische Welt kennt eine Vielzahl traditioneller Titel für religiöse oder politische Würdenträger. Da man auch im Geschäftsleben durchaus mit hochrangigen Vertretern in Kontakt kommen kann, ist es unerlässlich, diese Titel sowie die entsprechende Anrede zu kennen.

Titel

malik	arab.: «König». Diesen Titel tragen die Könige von Marokko, Jordanien und Saudi-Arabien. Der König von Marokko trägt zudem den Titel «amir al-mu'minin» = Beherrscher/Befehlshaber der Gläubigen, der König von Saudi-Arabien «khadim al-haramayn» = Diener der Heiligen Stätten von Mekka und Medina.
emir	arabisch: *amir* = «Befehlshaber, heute: Prinz, Fürst». Diesen Titel trägt der Emir von Qatar. Der Name der Vereinigten Arabischen Emirate leitet sich auch davon ab.
shaikh	arabisch: «Ältester, Oberhaupt eines Stammes, auch: religiöser Würdenträger». Diesen Titel tragen die Staatsoberhäupter von Bahrain, den VAE und Kuwait. In den übrigen arabischen Ländern wird entweder ein religiöser Würdenträger oder aber ein Stammes- oder Familienoberhaupt mit dem Begriff bezeichnet.

sultan	arabisch: «Kraft, Herrschaft, Regierung, auch: Herrscher», Herrschertitel. Diesen Titel trägt heute der Sultan von Oman.
rai's	arabisch: «Oberhaupt, der, der an der Spitze steht, auch: Präsident». Dieser säkulare Begriff wird heute von den Staatsoberhäuptern vieler arabischer Republiken gebraucht.
hajj (i)	arabisch: «Pilger, Wallfahrer». Ehrentitel für denjenigen, der den *hajj*, die Pilgerfahrt nach Mekka, vollzogen hat, *hajja* (w.). Wird in den arabischen Golfstaaten und der arabischen Halbinsel seltener gebraucht als in den übrigen arabischen Ländern; auch Ausdruck für ältere Respektpersonen.
wazir	persisch/arabisch: «Wezir, Minister». Auch heute die Bezeichnung für Staatsminister.

Die korrekte arabische Anrede für Staatsminister lautet *ma ʿali l-wazir* (Seine Exzellenz der Minister). Andere politische Würdenträger und Respektspersonen werden mit *sa ʿada* (*sa ʿadat al-mudir* = Herr Direktor, *sa ʿadat as-safir* = Herr Botschafter) angesprochen. Stellt sich Ihr Geschäftspartner als *hajj* vor (*hajj* Muhammad), so sollten Sie ihn auch mit diesem Ehrentitel ansprechen. Ansonsten gelten für die korrekte Anrede bis in die höchsten Ämter auch hier wieder die französischen oder englischen Etikette.

Falls Sie unsicher sind, wie der Name Ihres Geschäftspartners korrekt geschrieben oder ausgesprochen wird, fragen Sie lieber nach. Araber sind es gewohnt, dass Nichtaraber mit arabischen Namen so ihre Mühe haben und geben daher gerne Auskunft. Oft ergibt sich daraus ein interessanter und vielschichtiger Exkurs in die Familiengeschichte Ihres Geschäftspartners. Dadurch erhalten Sie wichtige Informationen zur Herkunft und sozialen Stellung Ihres Geschäftspartners. Vor allem aber ist es meistens eine Gelegenheit, die Beziehungsebene zu festigen. Ganz im Sinne des oben beschriebenen Small Talks.

Messen

Messen spielen in der arabischen Welt eine wichtige Rolle. Als Begegnungsplattform ermöglichen sie die hier so wichtige direkte Kontaktaufnahme und Kommunikation zwischen Käufer und Verkäufer und bieten die Möglichkeit, die Produkte direkt in Augenschein zu nehmen.

Ob in den Vereinigten Arabischen Emiraten, Beirut, Damaskus, Kairo, Tunis, Casablanca oder Tripolis, die Messen haben in den meisten Fällen einen hohen Standard, mit guter bis hervorragender Infrastruktur. Vor allem die Vereinigten Arabischen Emirate haben in den letzten Jahren ihre Rolle als weltweit renommierte Handelsdrehscheibe und als Messe- und Konferenzzentrum erfolgreich ausgebaut und sind attraktiver denn je. Mit rund 365 Messen und messeähnlichen Veranstaltungen im Jahr liegen sie in der Region an der Spitze. Grund genug, Messen im arabischen Raum mindestens mit der gleichen Akribie und planerischen Vernunft vorzubereiten, wie Sie es als Aussteller auch in Europa und Übersee machen würden. Daneben sollten Sie einige Dinge noch besonders beachten:

- *Machen Sie vor der Messe auf sich aufmerksam.* Kündigen Sie Ihren Messeauftritt, vor allem im Hinblick auf Ihre arabischen Geschäftspartner, rechtzeitig an. Schlüsselkunden und potenzielle Multiplikatoren sollten im Vorfeld informiert und eingeladen werden. Machen Sie einen Hinweis auf Ihrer Homepage. Eine Anzeige in den lokalen (Fach-)Medien vor Ort kann von Vorteil sein. Geben Sie dabei unbedingt Ihren Messestandort sowie Ihre persönlichen Kontaktdaten vor Ort an (Hotel, Mobilnummer). Prüfen Sie, ob eine Pressekonferenz sinnvoll wäre oder ob Sie am Konferenzprogramm der Messe teilnehmen möchten. Das sind oft gute Gelegenheiten, um hochkarätige Kontakte vor Ort zu knüpfen.

- *Das Firmen- und Informationsmaterial muss internationalen Standards genügen.* Es sollte hochwertig gedruckt sein, viel bebildertes Anschauungsmaterial haben und in englischer (in Marokko, Algerien und Tunesien auch in französischer) Sprache vorliegen. Zusätzlich können sie auch Unterlagen in arabischer Sprache, etwa Gebrauchsanweisungen, bereithalten, sie sind aber kein *must*. Nicht alle Fachbesucher sind Araber und die meisten Araber können Englisch. Optik und Haptik spielen eine sehr wichtige Rolle bei der Präsentation. CD-Roms, Werbefilme und Produktbeispiele zum Anfassen sind sehr beliebt. Im arabischen Raum hält man das, was man später kauft, gerne in den Händen, um es genau zu begutachten.

Auch die Give-aways sollten originell und hochwertig sein. Zeigen Sie sich gastfreundlich, sorgen Sie für ausreichend Verköstigung auf dem Stand (bitte keinen Alkohol und keine Produkte vom Schwein). Gastfreundschaft ist eine arabische Tugend und wirft Sie in ein gutes, vertrauensvolles Licht. Bringen Sie ausreichend Visitenkarten mit. Ihre Position sollte auf den Visitenkarten ersichtlich sein, nur so erkennt man, ob Sie auch entscheidungsbefugt sind, und darauf legen Araber großen Wert.

- *Zeitmanagement:* Planen Sie mehrere Tage Aufenthalt vor und nach der Messe vor Ort ein. Das sind die entscheidenden Tage, an denen Business gemacht wird.

- *Auf der Messe:* Ihr Staff sollte gut englisch (in Marokko, Algerien und Tunesien auch französisch) sprechen, stets freundlich und zuvorkommend sein und präzise Informationen zu den Produkten geben können. Es ist zudem auf korrekte Kleidung zu achten, am besten einheitlich. In jedem Fall sollten *company badges* und Namensschilder getragen werden. Ein einheitlicher optischer Auftritt macht einen professionellen Eindruck. Für die Damen gelten auf den Messen im arabischen Raum mit Ausnahme von Saudi-Arabien keine Einschränkungen in Sachen Kleiderordnung; halten Sie sich einfach an den *business code*, der auch in Europa üblich ist. Zudem sollte man gegengeschlechtliche Distanz wahren. Für die Herren gilt, Anzug und Krawatte sind ein *must*.

Service und Dienstleistung werden im arabischen Raum groß geschrieben. Behandeln Sie jeden Besucher auf Ihrem Stand als

VIP. Viele lokale Unternehmer schicken ihre Mitarbeiter erst einmal auf Informationstour, und besuchen erst danach selbst die ausgewählten Stände. Sie sollten nicht bereits an dieser Vorauswahl scheitern. Es muss immer ein Handlungsbevollmächtigter in Reichweite sein. Beachten Sie zudem interne Hierarchiestufen. Es macht im arabischen Raum keinen guten Eindruck, wenn Sie als Chef selbst die Kaffeetassen wegräumen (siehe Kapitel 7, Seite 110 ff.). Nutzen Sie während der Messe die zahlreichen formellen und informellen Events. Hier spielt die eigentliche Musik.

- *Nach der Messe: Das Follow-Up nicht vergessen:* Entscheidend für Ihren geschäftlichen Erfolg ist eine gezielte Nachbereitung der Messe. Das Follow-Up kann wettbewerbsentscheidend sein. Hier reicht kein Formbrief aus. Versehen Sie Ihre Korrespondenz stets mit einer persönlichen Note. Haben Sie eine Handy-Nummer erhalten, rufen Sie zusätzlich noch einmal an, um sich zu bedanken. Das Follow-Up sollte möglichst zeitnah nach dem Messeauftritt erfolgen. Denn auch hier gilt: Aus den Augen, aus dem Sinn. Halten Sie nachhaltigen Kontakt. Schnelle Geschäftsabschlüsse auf Messen sind eher die Ausnahme. Daher ist es umso wichtiger, die persönlichen Kontakte nach der Messe langfristig auszubauen.

Ahlan wa-sahlan – Herzlich willkommen!
Dieser arabische Willkommensgruß verdeutlicht die Bedeutung der Beziehungsorientierung im arabischen Raum. *Ahl* heißt auf Arabisch: «Angehörige, Familie» und *sahl* heißt auf Arabisch: «glatter Boden, Ebene» (da, wo man das Zelt leicht aufbauen konnte) und «leicht/bequem». *Ahlan wa-sahlan* heißt also wörtlich: «Als einer von uns (von unseren Angehörigen) bist Du uns willkommen und sollst es leicht/bequem haben.»

5. Das Einmaleins der arabischen Kommunikation

Direkte und indirekte Kommunikation

Herr Müller ist EDV-Spezialist und Projektleiter einer deutschen Firma aus Essen, die Softwaresysteme entwickelt. Seine Firma hat einen wichtigen Auftrag in Dubai erhalten – sie soll die medizinische Software für ein Medical Center entwickeln. Seine Ingenieursgruppe entwickelt eine Software unter Berücksichtigung der Vorgaben der Partner aus Dubai. Nach Prüfung der Software wird sie vorab nach Dubai geschickt und ein Termin für die Vorstellung und Besprechung des Softwaresystems in Dubai vereinbart. In Dubai stellt Herr Müller dann als Projektleiter die Software vor und wartet gespannt auf die Reaktion von Herrn Abdulhadi, dem Leiter des Medical Center. Herr Abdulhadi bedankt sich nach der Präsentation sehr höflich für dessen Mühe und fragt Herrn Müller, ob er mit seinem Hotel zufrieden sei. Danach bietet er ihm etwas zu trinken an. Herr Abdulhadi lobt die Arbeit «der» Deutschen im Allgemeinen und betont, dass die Deutschen Meister in Problemlösungen sind. Als Herr Müller daraufhin auf seine Präsentation zu sprechen kommen will, hört Herr Abdulhadi höflich zu, ohne direkt auf Herrn Müller einzugehen und lädt ihn für den nächsten Tag zu dem großen Golfturnier ein, bei dem man gegebenenfalls über einige weitere Vorschläge sprechen kann, wobei er leicht seine Augenbrauen hebt. Er betont noch einmal, dass die Deutschen für ihr technisches Know-how bekannt seien und verabschiedet

Herrn Müller freundlich mit dem nochmaligen Hinweis, dass man gut miteinander kooperieren werde, da die Deutschen ja bekannt für ihre guten und flexiblen Problemlösungen seien. Herr Müller denkt sich, ist doch prima gelaufen. Schätzt er die Situation richtig ein?

Der Zusammenhalt des Kollektivs (Familie/Clan/Stamm) ist gruppenerhaltend und hat daher oberste Priorität. Innerhalb einer *in-group* entscheidet die soziale Kohärenz über den Fortbestand der Gruppe. Zur inneren Kohärenz ist daher ein weitgehend gruppenkonformes Handeln des Einzelnen entscheidend. Diese Grundhaltung wirkt sich sowohl auf das Kommunikations- als auch auf das Konfliktverhalten einer Kultur aus.

Im arabischen Raum dominiert vor diesem Hintergrund ein indirekter Kommunikationsstil, der stets auf eine Stärkung und Optimierung der Beziehungsebene zielt. Das Wie steht vor dem Was. Sachverhalte werden eher umschrieben, Interpretationsräume genutzt, Metaphern oder auch Vergleiche verwendet. Die Rhetorik der indirekten Rede ist im arabischen Raum eine wahre Kunst. Nicht immer ist der rote Faden für uns da erkennbar. Erinnern Sie sich an die Bilder, die Deutsche von Arabern haben und umgekehrt (Seite 63 ff.): Da steckt nämlich eine ganze Menge zum Kommunikationsverhalten drin.

Haben Sie schon einmal in Kairo, Damaskus oder Sanaa nach dem Weg gefragt? Haben Sie daraufhin die Antwort erhalten: «Tut mir leid, weiß ich nicht?» Sehr unwahrscheinlich. Vielmehr erhalten Sie äußerst engagiert und hilfsbereit eine detaillierte Wegbeschreibung, auch wenn das freundliche Gegenüber den Weg gar nicht kennt. «Sagen, was Sache ist» gilt im arabischen Raum als unhöflich und ungebildet. Das gilt auch für ein Nein. Man vermeidet es, dem Gegenüber ein Anliegen durch ein direktes Nein abzuschlagen.

Ein Nein würde das Gegenüber verletzen, einen Mangel an Hilfsbereitschaft darstellen und eine Störung auf der Beziehungsebene nach sich ziehen. Wenig zielführend, denken Menschen aus sachorientierten Kulturen, die direkt kommunizieren, an dieser Stelle. Tückisch, aber Fakt: Ein «Ja» muss nicht unbedingt auch ein «Ja» meinen, sondern kann ein «Vielleicht» oder auch ein höfliches «Nein» bedeuten. Im arabischen Raum gilt das «nicht gesprochene Wort», das heißt, man muss zwischen den Zeilen lesen lernen. Eine verallgemeinernde, aber dennoch oft zutreffende Faustregel lautet: Wenn ein diplomatischer Araber «ja» sagt, meint er «vielleicht», wenn er «vielleicht» sagt, meint er «nein» und wenn er «nein» sagt, dann ist er undiplomatisch. Der zugleich auch deutlich expressive Kommunikationsstil im arabischen Raum ist also nicht gleichbedeutend mit «Direktheit» und sollte nicht darüber hinwegtäuschen, dass indirekt kommuniziert wird. Vor allem dann, wenn Anliegen abgeschlagen werden oder Kritik geäußert wird. Das passiert in der Regel so dezent, dass Menschen aus sachorientierten Kulturen diese Zwischentöne gerne überhören und sich in Sicherheit wiegen. Es ist daher wichtig, die indirekte Kommunikation dechiffrieren zu können.

Zu unserem Fallbeispiel: Herr Müller wiegt sich zu Unrecht in Sicherheit. Er hat die Signale von Herrn Abdulhadi überhört, der mit dem Produkt ganz und gar nicht zufrieden ist. Folgende Hinweise deuten darauf hin, wenn Kritik geäußert oder ein Anliegen abgelehnt wird:

- nicht direkt auf das Anliegen eingehen, überhören, übergehen, Thema wechseln
- Gesprächsverlauf unterbrechen, ablenken
- verallgemeinern («Im Allgemeinen sind die xy …»), umschreiben
- von Sachebene auf Beziehungsebene wechseln
- auslaufen lassen, sich entziehen
- Verbesserungsvorschläge indirekt als mögliche Alternativen anbieten («Wir könnten das auch so machen»)
- nonverbale Signale (Gestik, Mimik)

Es wird bei Dissens im arabischen Raum darauf geachtet, Gemeinsamkeiten zu suchen und zu betonen und das gemeinsame Interesse in den Mittelpunkt zu stellen. Erst wenn gesichert ist, dass keiner der Beteiligten das Gesicht verliert, wird das Problem auf der Sachebene angegangen. Hat Herr Müller also bemerkt, dass sein Gegenüber mit dem Produkt nicht zufrieden ist, so wird er vergebens darauf warten, dass direkte Kritik geäußert wird oder konkrete Verbesserungsvorschläge von arabischer Seite direkt kommuniziert werden. Herr Müller hat jedoch auch selbst Handlungsmöglichkeiten, um herauszufinden, was sein arabisches Gegenüber stört. Er kann von sich aus neue Vorschläge, Alternativen anbieten, und so Herrn Abdulhadi Handlungsspielraum geben. Die Problemlösung klingt mühsamer als sie ist und eröffnet beiden Seiten die Möglichkeit, stets das Gesicht zu wahren. Seien Sie sich stets bewusst, dass beide Seiten das optimale Ergebnis erzielen wollen, nur der Weg dahin ist ein anderer. Ein Knackpunkt ist immer wieder auch die Tatsache, dass Absagen nicht direkt kommuniziert werden. In der Regel signalisiert man im arabischen Raum Absagen damit, dass man das Projekt einfach auslaufen lässt, sich entzieht und auch nach mehrmaligem Nachhaken nicht äußert. All die oben genannten Faktoren sind Hinweise darauf, dass von arabischer Seite aus etwas nicht stimmen könnte. Das bedeutet aber nicht, dass das Ausweichen auf die Beziehungsebene oder aber ein Themawechsel immer auch negativ gedeutet werden müssen, sie sollten nur Alarmsignale sein, um entsprechend aufzupassen und adäquat reagieren zu können.

In einem hierarchischen Verhältnis gestaltet sich die Kommunikation von oben nach unten (zum Beispiel Chef zu Mitarbeiter) auch im arabischen Raum direkter. Hier werden direkte Arbeitsanweisungen erwartet (s. Kapitel 7, Seite 110 ff.).

Nonverbale Kommunikation – Wichtige Gesten und Mimik

Der Anteil der nonverbalen Kommunikation im arabischen Raum ist mit Blick auf die Gesamtaussage und Gesamtinformation in der Regel wesentlich höher als der Anteil der direkten verbalen Kommunikation (High-Context Culture). Augenbrauen hochziehen kann zum Beispiel ein deutliches Nein signalisieren, ohne entsprechende verbale Äußerung. Es ist von Vorteil, die gängigsten Gesten im arabischen Raum und ihre Bedeutung zu kennen. Auch Gesten und Mimik sind abhängig von Kulturstandards. So erging es mir in Ägypten, als ich, um meinem ägyptischen Geschäftspartner zu signalisieren, dass ich noch einmal über die Sache nachdenke, meinen Zeigefinger kreisend an meine Schläfe hielt. Während dieser Geste blickte ich in ein zunehmend irritiertes Gesicht. Aus arabischer Sicht bedeutet diese Geste «Du bist verrückt»!

Typische Gesten im arabischen Raum

Abb. 7: Was ist los? Was gibt es?

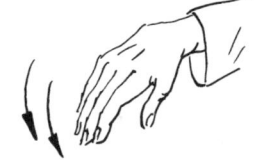

Abb. 8: Komm her! (ta'ala m.)

Abb. 9: Halbe, halbe (nuss, nuss)

Abb. 10: Langsam, langsam! (shway, shway)

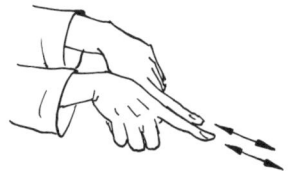

Abb. 11: Freundschaft, zusammen* (sadaqa)

Abb. 12: Einverstanden! Der Deal gilt!

* Auf der Strasse unter Fremden kann diese Geste v. a. im gegengeschlechtlichen Kontext auch zweideutig sein, nicht aber, wenn man sich kennt.

 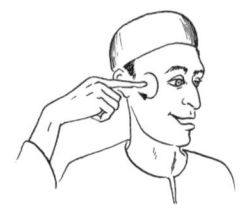

Abb. 13: Nein! So nicht! (la); oft von Zungenschnalzen begleitet

Abb. 14: Du bist verrückt! (inta majnun m.)

Abb. 15: Ohne mich!

Abb. 16: Geizhals!

Karikaturen: Marcel Keller

Es wird nicht erwartet, dass Sie diese Gesten auch gebrauchen, Sie sollten nur wissen, was sie bedeuten. Aber: Je länger Sie selbst im arabischen Raum unterwegs sein werden, desto eher werden Sie sich die eine oder andere Geste automatisch aneignen. All diese Gesten werden bis auf die Geste «Ohne mich» auch von Frauen verwendet.

Expressiver Kommunikationsstil
Auch das Kommunikationsverhalten variiert je nach Kultur. Im arabischen Raum wird oftmals laut und durcheinander gesprochen, das zeigt Engagement und Präsenz. Während es im deutschsprachigen Raum üblich ist, nacheinander zu sprechen. Sich zu unterbrechen gilt als unhöflich.

Entsprechend der kulturellen Prägung wird das Kommunikationsverhalten bewertet, empfunden und oftmals mit einer bestimmten Situation verknüpft. Spricht eine Gruppe Marokkaner laut, emotional, gestenreich und heftig artikulierend miteinander, wird diese Szene von Personen aus dem deutschsprachigen Raum oft

98

als aggressiv empfunden und als Streitsituation interpretiert. Auf die Nachfrage, was denn los sei, warum man denn streite, reagiert die Gruppe verblüfft mit der Bemerkung: «Wir haben uns doch nur nett unterhalten.»

Kommunikationsverhalten Deutschsprachiger Raum eher:	Arabischer Raum eher:
• betont, artikuliert	• laut
• konsekutiv (einer nach dem anderen)	• überlappend (gegenseitige Unterbrechungen)
• geringes Sprechtempo	• hohes Sprechtempo
• Sprechpausen	• wenig Sprechpausen
• sachlich, wenig Emotionen	• personenorientiert, engagiert, emotional
• Gefühle werden eher nicht gezeigt	• Gefühle werden gezeigt
• wenig Gesten, Mimik	• viel Gesten, Mimik
= sachbezogen, neutral	= personenbezogen, expressiv

Je nach Situation und Status der Person variiert das Kommunikationsverhalten natürlich auch. So wäre es im arabischen Raum vermessen, gegenüber einer älteren Respektsperson die Stimme zu erheben oder sie zu unterbrechen. Im gegengeschlechtlichen Miteinander hat sich das Dominanzverhalten jedoch zunehmend verändert. Insbesondere Frauen in Führungspositionen haben einen vergleichbaren Kommunikationsstil wie ihre männlichen Kollegen. An diesem globalen Trend führt auch im arabischen Raum kein Weg vorbei.

Grundsätzlich wird die persönliche und verbale Kommunikation (Face-to-face-Kommunikation) der schriftlichen Form deutlich vorgezogen. Das kann bedeuten, dass die Kommunikation in Schriftform deutlich kürzer, knapp und sachlicher gehalten wird. Das Wesentliche bespricht man von Angesicht zu Angesicht und dann in der gebotenen Ausführlichkeit. Erhalten Sie also eine knappe Geschäfts-

E-Mail, so bedeutet das keineswegs eine Störung auf der Beziehungsebene. E-Mails sollten im Übrigen stets sofort kurz beantwortet werden, gegebenenfalls mit dem Verweis, dass eine ausführliche Antwort später folgt. Araber erwarten in der Regel eine prompte Antwort und sind schnell dabei, Reminder zu schreiben, wenn eine Antwort ausbleibt.

Einsatz von Dolmetschern

In einigen Situationen kann es notwendig sein, einen Dolmetscher hinzuzuziehen, vor allem wenn es um einen Abschluss geht. Deutschsprachige (und auch westeuropäische) Dolmetscher übersetzen in der Regel Wort für Wort, arabische Dolmetscher übersetzen eher kontextbezogen, das heißt sie interpretieren die Aussagen. Vor allem in Konfliktsituationen, wo es in beziehungsorientierten Kulturen wie der arabischen um Ausgleich und «Gesicht wahren» geht, kann diese vermittelnde und interpretierende Art des arabischen Dolmetschens hilfreich sein. Es empfiehlt sich in jedem Fall, seinen eigenen Dolmetscher mitzubringen.

6. Die hohe Kunst des Verhandelns

Bargaining – ein arabischer Sport

«Wie viel ist zwei plus zwei?», wird Goha gefragt. «Kommt darauf an! Kaufst du oder verkaufst du?» (Arabischer Witz)

Die Geschäftskultur in der arabischen Welt ist historisch geprägt von Handel und Mobilität (siehe Kapitel 2, Seite 30 ff.). «Verkaufen» war und ist eine Sache von Mensch zu Mensch, das heißt man verkauft erst «sich» und dann seine Ware. Geschäftsbeziehungen basieren auf persönlichen Beziehungen, die Sachebene ist nachgeordnet.

Auf dem traditionellen Bazar verhandelt man lange. Handeln und Feilschen wird durchaus mit sportlichem Ehrgeiz betrieben und gehört zur arabischen Geschäftskultur dazu. Ziel des Rituals ist es, eine Beziehungsebene zwischen Käufer und Verkäufer aufzubauen. Hierzu werden oftmals fiktive Bekanntschaftsverhältnisse aufgebaut (die Ansprache «mein Bruder»), um eine Verbindlichkeit zwischen beiden Verhandlungspartnern herzustellen.

Das Ritual des Feilschens braucht Zeit, viel Zeit und folgt unterschiedlichen Mustern.

Allen gemein ist der theatralisch anmutende Wechsel zwischen größter Freundlichkeit und Herzlichkeit auf der einen Seite und Empörung, Wut und Ablehnung auf der anderen Seite. Ist man diesen Wechsel nicht gewohnt, nimmt man den gestenreich formulierten Abbruch der Beziehungen («You're no longer my friend») wörtlich und fürchtet das Aus. Völlig unbegründet, denn Schauspielerei gehört einfach dazu. Ziel des Handelns ist es, eine für beide Seiten erfreuliche Win-win-Situation zu erzielen. Verkäufer und Käufer sollten im besten Fall mit dem erzielten Preis zufrieden sein. Diese gegenseitige Zufriedenheit ist dann die Basis für weitere erfolgreiche Geschäfte.

Verhandlungen im arabischen Raum sind demzufolge meist langwierig und laufen nicht linear, sondern über Umwege. Genügend Verhandlungsspielraum und Flexibilität sind dabei entscheidend, ebenso wie der Aufbau einer soliden Beziehungsebene. Der erste Schritt bei Verhandlungen ist zunächst, eine persönliche Basis zu schaffen und gemeinsame Interessen zu betonen. Folgende Punkte sind bei Verhandlungen zu beachten:

- *Mit wem wird verhandelt?* Handelt es sich auf arabischer Seite um Entscheidungsträger, sollte dies auch auf deutschsprachiger Seite der Fall sein. Man verhandelt stets auf gleicher Hierarchieebene. Der Satz eines nicht entscheidungsbefugten Repräsentanten auf deutschsprachiger Seite: «Ich muss noch Rücksprache mit meinem Chef halten», kann Verhandlungen zu einem unerfreulichen Ende bringen. Es zeigt der Gegenseite, dass es nicht mit dem richtigen Gegenüber verhandelt. Vorverhandlungen können auf arabischer Seite von Repräsentanten auf einer niedrigeren Ebene erfolgen (dann auch entsprechend auf der deutschsprachigen Seite), geschäftliche Entscheidungen werden jedoch stets auf höchster Hierarchieebene getroffen (siehe Kapitel 7, Seite 110 ff.). Informieren Sie sich vor den Verhandlungen über den genauen Rang und Status des Gegenübers.
- *Wie viel Personen nehmen an der Verhandlung teil?* Bei Verhandlungen im arabischen Raum sind oftmals mehrere Vertreter eines Unternehmens anwesend. Es kann daher von Vorteil sein, ebenfalls mehrere Mitarbeiter dabei zu haben, vor allem in der Anfangsphase. Das macht einen guten Eindruck, es vermittelt Kompetenz und Stärke. Informieren Sie sich im Vorfeld, wer jeweils der Verhandlungsführer ist. Kontinuität aufseiten des Verhand-

lungsführers ist wichtig. Araber verhandeln ungern immer mit anderen, neuen Verhandlungspartnern. Erfolgt ein Wechsel, muss er entsprechend kommuniziert werden, am besten von höchster Ebene.

- *Was ist das gemeinsame Ziel?* Bei Verhandlungen ist es wichtig, stets nicht nur das anstehende Geschäft, sondern eine langfristige Geschäftsbeziehung in Aussicht zu stellen und entsprechend zu betonen. Das Prinzip der Gegenseitigkeit ist ein wichtiges Ziel.
- *Was ist das Ziel des Gegenübers?* Hierbei zählt weniger das Firmeninteresse als vielmehr das persönliche Interesse des Verhandlungspartners. Welchen Vorteil hat er persönlich von dem Vertragsabschluss? Bei privaten Unternehmen im arabischen Raum ist der Entscheidungsträger in der Regel der Eigentümer, insofern verschmelzen Firmeninteresse und persönliches Interesse. Bei staatlichen Unternehmen und Behörden dagegen sind stets die agierende Person und ihr spezifisches Interesse beziehungsweise politische Motive zu beachten. Auf arabischer Verhandlungsseite geht es nicht nur um Rendite, sondern auch um Prestige- und Statusgewinn, Wettbewerbsvorteil oder persönliche Interessen (Förderer von Visionen). Sie sind wichtige Anreize und Entscheidungskriterien.
- *In der Anfangsphase keine vorbereitenden Vertragsunterlagen:* Personen aus einer sach- und abschlussorientierten Kultur drängen oftmals zu früh auf einen Vertragsabschluss. Das ist im arabischen Raum von Nachteil. Vor allem in der ersten Phase der Verhandlungen sollten vorbereitende Vertragsunterlagen erst einmal in der Tasche bleiben. Wichtiger sind der Ausbau der Vertrauensebene und die Betonung des gemeinsamen Interesses. Wie in unserem obigen Beispiel erhält man von arabischer Seite nicht immer sofort konkrete Zahlen, zunächst wird betont, dass man sich in jedem Fall einig wird.
- *Flexibel bleiben:* Planen Sie stets mögliche Nachverhandlungen ein. Das was heute vereinbart wurde, gilt möglicherweise morgen so nicht mehr, die Situation hat sich in den Augen der ande-

ren Seite verändert. Zeigen Sie Flexibilität, lassen Sie immer internen Verhandlungsspielraum.

Großzügigkeit ist eine Tugend – auch im Geschäftsleben. Kalkulieren Sie «großzügiges» Entgegenkommen Ihrerseits von vornherein ein. «Schauspielerei», wie emotionale Ausbrüche bei Preisverhandlungen, ist auf arabischer Seite üblich und gehört dazu. Wem es liegt, der kann in dieses Spiel mit einsteigen, und sich ebenfalls «emotional betroffen» zeigen. Ansonsten ist es ratsam, freundlich, souverän und fest in der Sache am Ball zu bleiben. Als *ultima ratio* kann man auch den Raum verlassen. Das wird auf arabischer Seite auch gerne praktiziert. Aber auch schwierige und harte Preisverhandlungen sollten stets mit einem kooperativen Unterton enden, denn beide Seiten sollten nie das Gesicht verlieren. Bei Stagnation oder Störung von Verhandlungen kann es ratsam sein, einen einflussreichen vermittelnden Dritten hinzuzuziehen. Ein Wechsel auf die Beziehungsebene kann ebenfalls hilfreich sein. Die (Preis-)Verhandlungen sollten dann zu einem späteren Zeitpunkt wieder aufgenommen werden. Übrigens: Schweigen und lange Stille auf arabischer Seite sind ein probates Mittel, um den Partner zu verunsichern und zu Konzessionen zu bringen.

- *Flexible Preisgestaltung:* Der Ausgangspreis sollte stets über dem anvisierten (End-)Preis stehen, damit entsprechender Verhandlungsspielraum auch genutzt werden kann. Der zuerst genannte Preis ist im arabischen Raum in der Regel eine Ausgangsbasis und ist Ansatzpunkt für das nachfolgende Verhandlungsgespräch, es ist nicht der Endpreis. Es gibt keine verbindlichen Zahlen, wie hoch der Anfangspreis über dem Endpreis liegen soll, in der Praxis haben sich Spannen von 10 bis 50% – je nach Produkt und Situation – bewährt. In den arabischen Golfstaaten sind die Spielräume infolge der hohen Konkurrenz und des Preisdumping deutlich kleiner. In einigen Fällen, etwa da, wo weltweite Preistransparenz herrscht oder das Weltangebot auf einzelne hochspezialisierte Hersteller beschränkt ist, wird auch im arabischen

Raum kaum gehandelt. Oder aber wenn man auf arabischer Seite eine spezifische Problemlösung sucht.

- *«Deutsche» Qualität zu chinesischen Preisen:* Araber, insbesondere Golfaraber, neigen dazu, beste Qualität zu niedrigsten Preisen zu wollen. Insbesondere in den VAE ist der Preisdruck enorm. Zusätzliche Argumente, wie Produktqualität, maßgeschneiderte Lösung, Service- oder Wartungsleistungen, Zusatzleistungen wie Beratung/Schulung oder Folgeverträge, sollten in Bezug auf die Preisgestaltung stets miteinbezogen und entsprechend kommuniziert werden. Den Wettbewerb über komparativen Preisvorteil aufzunehmen ist hier selten zielführend, vielmehr zählen Hinweis auf Qualität, Marktführung/Markenname/Referenzen, Innovation, maßgeschneiderte Lösung, besonderer After Sales Service oder eine Nischenstrategie. Hier kann man durchaus Festpreise unter Verweis auf die besondere Qualität ansetzen. Umgekehrt kann ein geringerer Preis auch mit einer Reduktion des Angebotenen ausgeglichen werden (Beispiel: Komponenten einer Maschine können preiswerter von anderen Anbietern bezogen und integriert werden). Es sollte geprüft werden, ob Einschränkungen am Qualitätsstandard zu einem niedrigeren Endpreis führen könnten. Entscheidend ist Flexibilität zu zeigen. Nicht selten fällt dann nach einer längeren Phase der Prüfung und des Vergleichs die Entscheidung zugunsten des Qualitätserzeugnisses mit einer höheren Preisstellung aus. *Insha' Allah.*

Vorab-Check:
- Gab es bereits Verhandlungen?
- Wie lange ist das her / Zeitraum?
- Wer führte die Verhandlungen?
- Welche Ergebnisse wurden vereinbart? Gibt es Notizen, Protokolle?
- Welche Teilnehmer gab es auf beiden Seiten?
- Gibt es persönliche Bekanntschaften zu der anderen Seite?
- Welche Problembereiche wurden bisher angesprochen?

- Wer wird an den Verhandlungen teilnehmen?
- Wer ist Verhandlungsführer? (Hierarchien beachten)

Verhandlungen mit arabischen Partnern sind eine zeitaufwendige Angelegenheit, die viel Geduld, Flexibilität und einen langen Atem erfordert. Von der ersten Begegnung, der Geschäftsanbahnung bis hin zum Vertragsabschluss können auch schon einmal ein bis zwei oder auch mehr Jahre ins Land gehen. Verhandlungsvorschläge werden bisweilen für eine Zeit «geparkt» und erst nach einigen Jahren wieder auf den Verhandlungstisch gelegt. Wer nur eine kurzfristige Gewinn- und Verlustrechnung im Auge hat und auf einen Abschluss drängt, hat im arabischen Raum wenig Aussicht auf geschäftlichen Erfolg. Hat man aber eine langfristige Perspektive im Auge, so zahlt sich die Geduld in der Regel aus.

Kritische Aspekte einer Verhandlung werden gerne außerhalb der offiziellen Agenda unter vier Augen besprochen. Es ist daher ratsam, vorher mögliche kritische Aspekte als solche zu erkennen, etwa in einem informellen und möglichst beiläufigen persönlichen Vorgespräch, nach dem Motto: «Mohamed, sollten wir morgen über xy sprechen?»

Ein effektives Beziehungsmanagement bereitet Verhandlungen optimal vor, man erhält so die Gelegenheit, Stimmungen und Meinungen der Gegenseite vorsichtig abzuklopfen. Sollten die Vertragsverhandlungen dennoch scheitern, so ist stets auf einen kooperativen Unterton zu achten und der Wille zu bekunden, dennoch weiterhin in Kontakt zu bleiben, sodass man jederzeit wieder neue Verhandlungen aufnehmen kann. Wer es versteht, sich die Türen für weitere Kontakte trotzdem offenzuhalten, der hat möglicherweise das nächste Mal mehr Aussicht auf einen erfolgreichen Geschäftsabschluss und bleibt in jedem Fall im Rennen. *Allahu aʿlam.*

Geschäftsabschluss: Vertrag oder Handschlag?

«Ist denn die Tinte auf dem Papier mehr wert als mein Wort?» Dieses arabische Sprichwort bringt es treffend auf den Punkt: Papier ist im arabischen Raum sehr geduldig. Geschäfte und Vertragsabschlüsse basieren im arabischen Raum nach wie vor oftmals auf mündlichen Vereinbarungen, auf dem sprichwörtlichen Handschlag. Persönliches Vertrauen und eine solide Beziehungsebene sind wichtiger als Papier, Schriftwerk und Formalia.

Eine vertragliche und rechtliche Absicherung oder dingliche Sicherheiten gelten weniger als solide Geschäftsgrundlage als das viel zitierte persönliche Vertrauensverhältnis und die daraus erwachsene gegenseitige Verpflichtung zu Loyalität.

Ist das Loyalitäts- und Vertrauensverhältnis für den arabischen Partner nicht bindend genug, so nützt im Zweifel auch kein Vertrag. Natürlich kann man sein Recht gerichtlich einfordern, solche Verfahren dauern in der Regel sehr lange, sind kostspielig und schließen meist die Tür zum Geschäftspartner und seinem gesamten Netzwerk für die Zukunft. Mit einem Vertrag wird also vielmehr dem Sicherheitsbedürfnis im deutschsprachigen Raum entsprochen. Und dennoch: Auch wenn gemäß arabischem Ehrenkodex gilt: «Ein Mann – ein Wort», sollten die mündlich getroffenen Vereinbarungen in jedem Fall vertraglich fixiert werden. Das kann späteren Missverständnissen vorbeugen. Sollte Ihr Gegenüber dies als mangelndes Vertrauen auffassen, verweisen Sie auf formal-organisatorische Gründe.

Nach arabischem Verständnis sind Verträge vielfach eher allgemeine (Ziel-)Vereinbarungen, in denen die beteiligten Parteien ihre Absicht und ihr Engagement für eine fruchtbare Zusammenarbeit erklären. Es werden die wichtigsten Eckdaten fixiert, jedoch sollte es möglich sein, Teile des Vertrages flexibel zu gestalten, um auf Änderungen etc. eingehen zu können. Aus arabischer Sicht macht es wenig Sinn, alle Details und Eventualitäten in einen Vertrag aufzunehmen, da sie sich im Laufe der Zeit ändern können. *Allahu a'lam.* In jedem Fall sollten Verträge juristisch geprüft werden. Zahlungs- und Lieferbedingungen sollten klar geregelt sein. Dennoch: Alles Schriftliche, wie auch Gesprächsprotokolle, macht nur dann wirklich Sinn, wenn es vom persönlichen Kontakt flankiert wird. Umgekehrt

gibt es oft die Erfahrung, dass Vertragsverletzungen auf deutschsprachiger Seite, etwa Lieferungsverzug o. Ä., entsprechend von arabischer Seite rechtlich geahndet und die Strafklauseln schnellstens an-
gewandt werden. Auch hier gilt, je enger die Beziehungsebene ist,
desto unwahrscheinlicher auf arabischer Seite diese strikte Handhabe.

Die Bedeutung von Verträgen variiert auch im arabischen Raum.
Während bei Privatunternehmen das Vertragliche oftmals hinter der
persönlichen Beziehung zurücksteht, die Details weniger entscheidend sind als die Tatsache, dass das arabische Gegenüber den Vertrag «mag», Detailfragen persönlich abgesprochen und je nach Situation modifiziert und Probleme auf der Beziehungsebene – also
informell – gelöst werden, legen staatliche Unternehmen im arabischen Raum deutlich mehr Wert auf schriftliche Fixierung.

Hier ist auch der Aufbau persönlicher Beziehungen etwas
schwieriger, auch aufgrund der größeren Fluktuation. So kann der
Verhandlungspartner leichter wechseln als in Privatunternehmen.
Vertragliche Details haben einen höheren Stellenwert, Bürokratie
und formalisierte Informationswege nehmen einen größeren Raum
ein. Die Entscheidungswege sind deutlich länger und durchlaufen
mehrere Instanzen (siehe Kapitel 7), die Verhandlungspartner sind
nicht immer auch die Entscheidungsträger.

Ein Wort zur Zahlungsmoral:

Oftmals wird die Zahlungsmoral im arabischen Raum als man-
gelhaft bis ungenügend erlebt. Es ist daher unbedingt empfehlens-
wert, Zahlungen abzusichern. Am besten ist die Absicherung der
Zahlung durch Vorauszahlung oder bestätigtes und unwiderrufli-
ches Akkreditiv. Das wird von arabischer Seite jedoch nicht immer
akzeptiert. Ist ein arabischer Geschäftspartner dazu nicht bereit,
dann besteht zumindest das Risiko eines Zahlungsausfalls.

Natürlich steht der Weg der gerichtlichen Geltendmachung einer entsprechenden Forderung offen, dieser ist aber sehr zeit- und
kostenintensiv und nicht wirklich zu empfehlen. Möglich ist auch
die Vorauszahlung eines Teilbetrages, gefolgt von der gesamten
Zahlung nach Lieferung oder aber die Zahlung des ausstehenden

Rechnungsbetrages durch Übergabe eines oder mehrerer vordatierter Schecks oder durch Wechsel.

Auch hier empfiehlt es sich, sich vorher über die jeweiligen rechtlichen Grundlagen des Ziellandes zu informieren, denn in den meisten Fällen ist ein kurzfristiger Erhalt eines Vollstreckungsurteils nicht möglich oder aber es herrscht mangelnde Durchsetzung gerichtlicher Vollstreckungsbefehle und der Käufer bleibt den Geldbetrag schuldig. Auch hier gilt: Je verbindlicher das Verhältnis ist, desto eher hat man Aussicht auf zeitnahe Zahlung.[1]

7. Management im arabischen Raum

Arabische Unternehmenskultur

Interne Struktur, Organisationsform und -abläufe, Entscheidungswege und Philosophie eines Unternehmens werden von zahlreichen Faktoren geprägt. Die Gestaltung und Herausbildung einer Unternehmenskultur wird von kulturellen Standards beeinflusst. Sie hängt auch davon ab, ob es sich um ein Familienunternehmen handelt, um ein Joint Venture, einen international agierenden Großkonzern beziehungsweise dessen Niederlassung oder Tochtergesellschaft oder aber um ein staatliches Unternehmen. Im arabischen Raum sind all diese Unternehmensformen vorhanden, wobei in der Privatwirtschaft nach wie vor Familienunternehmen eine zentrale Rolle einnehmen.

Die Ausgestaltung der meisten Familienunternehmen richtet sich nach sozialen Normen und der internen Struktur der Familienverbände. So wie das Familienoberhaupt (Vater beziehungsweise jeweils der älteste männliche Nachkomme) an der Spitze der Familie steht, so steht an der Spitze eines Familienunternehmens in der Regel das Familienoberhaupt, der Patriarch und Patron, der die hierarchische und stark zentralisierte Organisationsstruktur des Unternehmens anführt.

Alle Macht, Autorität und Entscheidungsbefugnis des Familienunternehmens sind in seiner Person konzentriert. Der Patron vereinigt in seiner Person alle zentralen Funktionen innerhalb des Unternehmens, so ist er alleiniger Entscheidungsträger, er repräsentiert das Unternehmen nach außen und steuert den internen Informations-, Organisations- und Aufgabenfluss. In der arabischen Unternehmensführung dominiert daher auch heute noch ein sehr stark ausgeprägtes Top-down-Bewußtsein. Die nachfolgenden Ebenen haben nur beratende und ausführende Funktionen.

In diesem Sinne sind auch die Ebenen darunter mit abgestufter Funktionsbreite eingerichtet: So sondiert das gehobene Management im Auftrag des Patrons, führt Vorgespräche und trifft oftmals bereits eine Vorauswahl. Es wäre ärgerlich, bereits an dieser Stelle zu scheitern, da durch diese Ebene eine Vorentscheidung fallen kann, die verhindert, dass man überhaupt zu dem Entscheidungsträger, dem Patron, vordringt. Das mittlere beziehungsweise untere Management ist in der Regel in den operativen Prozess eingebunden – immer auf Anweisung *(top-down)* und in Rücksprache *(report)* mit dem Patron, der alle Abläufe kontrolliert.

In den arabischen Golfstaaten sind viele Nichtaraber im gehobenen oder mittleren Management tätig. Die Entscheidungsträger sind jedoch in der Regel einheimische Araber.

Die Stellung des Patrons im Unternehmen entspricht seiner hohen gesellschaftlichen Position. So sind es im arabischen Raum die großen, namhaften und einflussreichen Familien eines Landes, die an der Spitze der meisten privaten Unternehmen stehen.

Einem intakten Beziehungssystem *(wasta)* sowie intakten Familienstrukturen werden eine hohe Bedeutung beigemessen. Kern eines traditionsorientierten Unternehmens ist die *extended family*, eine möglichst nach Verwandtschaft oder Herkunft klientelartig aufgebaute Organisation mit einer ausgeprägt autoritär-paternalistischen und personalisierten Führung und klarer, verbindlicher Struktur von Rechten und Pflichten.

Die Regeln für das Funktionieren innerhalb des Familienunternehmens werden analog zu den Regeln des Zusammenlebens innerhalb des Familienverbandes von Generation zu Generation weitergegeben, wobei die uneingeschränkte Autorität der Unternehmensführung von allen Mitarbeitern beziehungsweise Familienmitgliedern akzeptiert wird. Der Führungsnachwuchs rekrutiert sich in der Regel aus den Söhnen oder den nächsten Verwandten. Autorität und Wissen werden vom Vater an den Sohn übertragen, so auch bei Muhammad Ismail al-Banawi, der in dem gleichnamigen großen saudischen Familienunternehmen tätig ist: «My father was my first teacher with regard to trade. Those who do not respect the old or give due regard to the experiences of older people are definitely wrong.»[1]

Mitarbeiter in Familienunternehmen werden weniger nach objektiv-bestimmbaren sachlichen Kriterien wie Leistung und Qualifikation eingestellt, sondern eher nach familiärer Zugehörigkeit (Binnengruppe), persönlicher Loyalität und Solidarität. So kann einerseits der familiären Verpflichtung nach Versorgung der (eigenen) Binnengruppe entsprochen werden, andererseits kann man sich der Loyalität des Mitarbeiters sicher sein.

In den meisten arabischen Unternehmen sind die Konzepte einer Corporate identity oder homogenen Unternehmenskultur wenig verankert. Die Identifikation erfolgt über die Person der Unternehmensführung, nicht über das Unternehmen als solches. Weder in seiner Funktion als Arbeitgeber noch aufgrund einer Firmenphilosophie steht das Unternehmen im Mittelpunkt der Arbeitnehmer. Persönliche Loyalität ist überwiegend personen- und nicht unternehmensgebunden.

Staatliche Unternehmen im arabischen Raum sind ebenfalls sehr zentralistisch und hierarchisch strukturiert. Im Gegensatz zu privaten Unternehmen kann es hier öfter zu Rotation an der Führungsspitze kommen, politische Motivation spielt oftmals eine Rolle. Die Arbeitsabläufe sind deutlich (über-)bürokratisiert, Entscheidungswege sind erheblich länger als in der Privatwirtschaft, da es oftmals mehrere Interessenlagen (bestenfalls) per Konsens zu vereinen gilt. *Wasta* (siehe Seite 71) spielt hier eine wichtige Rolle. Auch in den meisten staatlichen Betrieben gilt ein streng hierarchisches Top-down-Prinzip mit deutlicher Weisungs- und Kontrollfunktion von oben nach unten beziehungsweise *report* nach oben.

Führungskompetenz und Mitarbeiterführung

Herr Henggeler ist Diplom-Chemiker und tritt in einem schweiz-libanesischen Pharma-Unternehmen die Stelle des Abteilungsleiters an. Heute ist sein erster Tag im Unternehmen. Sein libanesischer Partner und ebenfalls Abteilungsleiter, Herr al-Lubnani, empfängt ihn herzlich und führt ihn durch das Unternehmen. Hierbei stellt er ihm seine künftigen Mitarbeiter vor. Herr Henggeler ist bemüht, in einen guten Kontakt zu seinen Mitarbeitern zu treten. Er geht auf die Mitarbeiter zu, begrüßt sie und fragt sie nach ihren Arbeitsbereichen. Mit einigen beginnt er ein lockeres, freundliches Gespräch auf Englisch. Herr al-Lubnani bemüht sich jedes Mal, Herrn Henggeler aus dem Gespräch zu holen.

Die Mitarbeiter reagieren freundlich und offen auf Herrn Henggeler und beantworten gerne seine Fragen. Herr Henggeler macht mit einigen ein paar kleine Scherze, die Mitarbeiter reagieren freundlich. Herr al-Lubnani weist seine arabischen Mitarbeiter jedes Mal auf Arabisch zurecht, wenn sie sich sichtbar gerne auf den Small Talk mit Herrn Henggeler einlassen. Als ein weiterer Mitarbeiter sichtlich angetan von dem netten Gespräch sich ebenfalls am Gespräch beteiligen will, wird er mit einer schroffen Handbewegung von Herrn al-Lubnani abgewimmelt. Herr al-Lubnani geleitet Herrn Henggeler freundlich bestimmt aus dem Raum.

Im arabischen Raum orientiert man sich an Autoritätspersonen. Diese Autoritätsorientierung ist, wie oben bereits erwähnt, verbunden mit dem System der traditionellen Stammesgesellschaft. Nur ein starker Stammeschef konnte das Kollektiv (den Stamm) nach innen zusammenhalten und nach außen hin verteidigen und so das Überleben der Gruppe garantieren. Der Stammeschef, der Vater als Familienoberhaupt, der Chef in der Firma oder auch das Staatsoberhaupt – sie garantieren den Zusammenhalt der jeweiligen Gruppe.

Im arabischen Raum dominiert vor diesem Hintergrund ein stark personalisierter paternalistisch-autoritärer Führungsstil. Der

Chef ist der strenge, autoritäre, aber fürsorgliche «Vater» des Unternehmens. Alle Entscheidungsgewalt aber auch alle Verantwortung, sowohl für das Unternehmen als auch für jeden einzelnen Mitarbeiter, liegt bei der Führungskraft. Die Mitarbeiter können (und sollen meist auch) eine beratende Funktion haben (das arabische Prinzip der Beratung, *shura*), die Entscheidung indes ist Chefsache. Eine Führungskraft sollte eine Vorbildfunktion in allen Bereichen und Situationen haben. Respekt, Status und Ansehen können dabei durchaus vor Sachkompetenz stehen.

Nach wie vor herrscht im arabischen Raum ein ausgeprägtes Senioritätsprinzip. Das Alter wird nicht nur respektiert, es verleiht Status und Ansehen. Daher haben es jüngere Führungskräfte in der Regel deutlich schwerer, als Führungsperson respektiert und anerkannt zu werden, vor allem dann, wenn sie nicht der Tradition eines alteingesessenen Familienunternehmens entspringen, wo die Autorität des Vaters auf den Sohn übertragen wird. Hier ist es dann erforderlich, insbesondere für deutschsprachige Führungskräfte, entsprechend mit den oben genannten persönlichen Charaktereigenschaften sowie Sachkompetenz zu punkten. Allein die fachliche Qualifikation und Sachkompetenz reichen noch lange nicht aus. Dies gilt im Übrigen auch für weibliche Führungskräfte (siehe Kapitel 10, Seite 153 ff.).

Zu unserem Fallbeispiel: Herr Henggeler untergräbt mit seinem Verhalten nicht nur die Autorität seines libanesischen Counterparts, er wahrt auch nicht die von ihm als Führungskraft erwartete Distanz zu seinen künftigen Mitarbeitern («Untergebenen»). Im Übrigen wird Führung auch durch entsprechende Statussymbole untermauert, etwa ein eigenes repräsentatives Büro mit entsprechendem Servicepersonal. Ein Chef, der seine Kaffeetassen selbst wegräumt, passt da nicht ins Bild.

Die Ränge nicht vergessen!
Achten Sie bei Geschäftstreffen auf die Gleichrangigkeit in der Hierarchiestufe (also: General Manager – General Manager/Assis-

tent – Assistent etc.). Ein Treffen mit einem in der Rangstufe weiter unten stehenden Mitarbeiter könnte von Ihrem arabischen Geschäftspartner als Beleidigung aufgefasst werden. Sollte der Führungskraft eine Anwesenheit nicht möglich sein, so kann sie einen Stellvertreter in ihrem Namen/Auftrag senden. Das sollte der arabischen Führungskraft vom Chef vorher persönlich kommuniziert werden. Nur so kann die Handlungsvollmacht vom Chef auf den Mitarbeiter übergehen (Initiation). Die Gründung eines Joint Ventures sollte unter Beteiligung der Firmeneigentümer erfolgen. Bei Großunternehmen sollte mindestens ein Vorstandsmitglied beim Gründungsakt anwesend sein. Bei Meetings ist es üblich, dass der ranghöchste Besucher an der rechten Seite des Gastgebers sitzt. Grundsätzlich gilt: Der Gast gehört an die rechte Seite.

Auch die arabische Welt ist im Wandel. Die Internationalisierung des Business verändert auch hier die traditionellen Strukturen und Verhaltensmuster – so auch im Management. Insbesondere die junge Generation der arabischen Führungskräfte ist hervorragend ausgebildet und verfügt über viel internationale Erfahrung. Internationale Managementseminare stehen hoch im Kurs. Es wird immer mehr Wert auch auf praktische Qualifizierungsmaßnahmen gelegt, um die jungen Führungskräfte, die oft im Ausland an renommierten Universitäten studiert haben, auch im praktischen Bereich entsprechend vorzubreiten. Es kann daher erwartet werden, dass sich im Zuge dessen auch die Führungs- und Verhaltensstrukturen wandeln können. Aber derzeit bilden Führungsmodelle mit flachen Hierarchien, *managemet by delegation* oder Einbeziehen der Mitarbeiter in den Entscheidungsprozeß eher die Ausnahme. Es ist davon auszugehen, dass diese Transformationen in den staatlichen Betrieben künftig noch langsamer umgesetzt werden als in der privaten Wirtschaft.

Analog zu dem autoritär-paternalistischen Führungsstil kann man hier nicht immer von dem intrinsisch motivierten, eigenverantwortlich handelnden Mitarbeiter ausgehen. Das wäre in diesem

Top-down-Konzept auch kontraproduktiv, denn es ist der Chef, der bestimmt, Entscheidungen trifft und die Verantwortung dafür trägt, nicht der Mitarbeiter. Als deutsche Führungskraft sollte man bei arabischen Mitarbeitern also darauf achten, stets in höflicher aber bestimmter Art und Weise die Tätigkeiten anzuordnen (je genauer die Arbeitsaufgabe inhaltlich und zeitlich definiert ist, desto besser) und diese dann paternalistisch-fürsorglich zu kontrollieren. Bei Problemen oder Konflikten mit oder auch zwischen Mitarbeitern wird von der Führungskraft eine klare Entscheidung erwartet.

8. Arbeitsalltag im arabischen Raum

Idealtypische Arbeitsabläufe

Herr Jabroudi arbeitet in einem deutschen Unternehmen in Damaskus. Er und sein gleichgestellter deutscher Kollege Herr Meier arbeiten zusammen an einem Projekt. Sie verstehen sich prima, nur in ihrer Arbeitsweise unterscheiden sie sich:

- Herr Meier ist immer mit Vollgas bei der Arbeit. Wenn er einen privaten Anruf während der Arbeitszeit erhält, dann blockt er meistens ab, ist sehr kurz angebunden und wenn das Gespräch mal etwas länger wird, dann entschuldigt er sich sofort: «Es war etwas Wichtiges.» Überhaupt, dessen Arbeitseifer findet Herr Jabroudi erstaunlich, zumal sein deutscher Kollege keinen persönlichen Vorteil davon hat.
- Herr Meier arbeitet seit zwei Wochen an einem Projekt. Hierfür hat er sich einen Arbeitsplan erstellt, den er nach und nach abzuarbeiten versucht. Jedes Mal, wenn er etwas dazwischen schieben muss oder seinen Ablauf unterbrechen muss, beklagt er sich: «So kann man doch nicht arbeiten! – Warum nicht?», fragt sich Herr Jabroudi.
- Herr Jabroudi möchte Herrn Meier sprechen. Er geht in sein Zimmer, doch Herr Meier telefoniert gerade. Herr Jabroudi geht auf ihn zu und erwartet, kurz begrüßt zu werden. Doch sein deutscher Kollege schenkt ihm keine Aufmerksamkeit und begrüßt ihn erst, nachdem er sein Telefonat beendet hat. Herr Jabroudi fühlt sich unfreundlich behandelt und ist etwas gekränkt.

Hier prallen eindeutig unterschiedliche Arbeitsweisen aufeinander. Im deutschsprachigen Raum wird hauptsächlich ein linearer, konsekutiver und monochroner Arbeitsstil bevorzugt und als effektiv bezeichnet. Wesentlich bei der Organisation und Strukturierung von Arbeit ist, was sachlich geboten ist (Sachorientierung). Strukturell festgelegte Abläufe und Zeitpläne sollen im Idealfall dazu verhelfen, dass die zu erledigenden Dinge der Sachebene möglichst störungsfrei abgewickelt und abgearbeitet werden können. Hierbei wird eine konsekutive, meist vorher festgelegte, Arbeitsweise bevorzugt.

Das Handeln wird linear auf die Zielerreichung hin organisiert. In dieser Arbeitsweise spielen Pläne, Strukturen, formalisierte Abläufe und entsprechende Vereinbarungen darüber eine zentrale Rolle. Die Sache beziehungsweise Aufgabe dient als roter Faden.

Kennzeichnend für diese Arbeitsweise, die für Personen aus dem deutschsprachigen Raum als effizient und angenehm bezeichnet wird, ist neben möglichst planbaren, vorausschauenden, strukturierten und formalisierten Arbeitsabläufen auch die Trennung von beruflicher und privater Ebene. Im deutschsprachigen Raum gilt es als unprofessionell, sich während der Arbeitszeit – außer in Notfällen – auch um familiäre Belange zu kümmern. Das kann man dann nach Arbeitsschluss machen. Wozu gibt es schließlich den «Feierabend».

Diese Trennung wird im arabischen Raum in dieser Weise nicht vollzogen. Der Mitarbeiter ist infolge der sozialen Kohärenz auch an seinem Arbeitsplatz verpflichtet, sich um Belange der Familie zu kümmern (Beziehungsorientierung, vgl. Kapitel 4, Seite 66 ff.). Arbeitsabläufe im arabischen Raum sind auch infolge von häufig vorkommenden Ad-hoc-Entscheidungen durch die Führungsebene gekennzeichnet durch Flexibilität und Kurzfristigkeit. Aus arabischer Sicht macht es in solchen Fällen wenig Sinn, Dinge langfristig zu planen, wenn sich am Ende durch Top-down-Entscheidungen alle Abläufe wieder kurzfristig ändern.

Flexibilität – das schließt auch ein, über den Feierabend hinaus aktiv zu werden – ist in diesem System zielführender als schwerfällige, unflexible Strukturen.

Ein weiteres Merkmal sind die multiplen Arbeitsabläufe im arabischen Raum. Oftmals werden viele Dinge gleichzeitig erledigt, während man sich im deutschsprachigen Raum entsprechend der linear-konsekutiven Prägung lieber auf eine Sache konzentriert und Dinge nacheinander erledigt.

Im arabischen Raum ist es auch durchaus üblich, mehrere Berufe, Jobs oder Projekte gleichzeitig zu haben («Bauchladenprinzip»). Das von Personen aus linear-konsekutiven Kulturen als störend empfundene Telefonieren während einer Sitzung oder aber das Springen zwischen Themen (siehe Meeting) ist keineswegs Ausdruck von Unhöflichkeit oder Unprofessionalität, es entspringt einfach anderen Kulturstandards und ihrer immanenten Arbeitsweise.

Aus arabischer Sicht erscheint der konzentriert an einer Sache arbeitende deutschsprachige Mitarbeiter, der sich kaum durch ein Schwätzchen zwischendurch ablenken lässt und durch unvorhergesehene Änderungen im Plan an den Rand seiner Belastbarkeit gerät, nicht selten als spröder Technokrat.

Sie erinnern sich an die Stereotypen: typisch deutsch! *The typical German* «Ernsthaftigkeit» spiegelt sich eben auch in der Art und Weise wider, wie Arbeitsabläufe gestaltet werden. Die arabische Einschätzung, Personen aus dem deutschsprachigen Raum seien kalt, gefühls- und beziehungsarm, resultiert nicht zuletzt auch aus dieser unterschiedlichen Arbeitsweise.

Arbeitsabläufe Deutschsprachiger Raum eher:	Arabischer Raum eher:
• sachorientiert, aufgabenorientiert	• personenorientiert
• zielorientiert, langfristige, vorausschauende Planung	• prozessorientiert, kurzfristige, flexible Planung
• Kooperation ist grundsätzlich auch ohne persönliche Beziehung möglich	• Kooperation ist selten ohne persönliche Beziehung möglich

Arbeitsabläufe

Deutschsprachiger Raum eher:	Arbeischer Raum eher:
• Arbeitsregeln, Strukturen, formelle Abläufe	• Arbeitsregeln werden personenbezogen gehandhabt
• Standardisierung von Arbeitsabläufen	• Arbeitsabläufe richten sich nach subjektiven Direktiven (top-down)
• formalisierte Informationsflüsse (Protokolle, Verteiler, Infopost etc.)	• informelle Informationsflüsse (Gespräch)
• monochrones Zeitverständnis	• polychrones Zeitverständnis
• Trennung von Beruf und Privatebene	• keine Trennung von Beruf und Privatebene
= linear-konsekutive, regel- und strukturorientierte und internalisierte Arbeitsweise, sach- und leistungsorientiert	= multi-aktive, flexible und an Direktive und Loyalität/ Kontrolle gebundene Arbeitsweise, beziehungsorientiert

Diese unterschiedlichen Arbeitsweisen sind eng mit der jeweiligen Motivation und Einstellung zur Arbeit verbunden. Während im arabischen Raum Arbeit nur ein Teil der sozialen Anerkennung ausmacht, da der Status zugeschrieben ist und sich nach Herkunft und Zugehörigkeit zu einer bestimmten Familie ausrichtet und in den seltensten Fällen allein durch Leistung verbessert werden kann, ist im deutschsprachigen Raum Arbeitsleistung eine Möglichkeit zum sozialen Aufstieg. «Der hat sich hochgearbeitet». Dementsprechend ist eine vergleichsweise hohe Identifikation mit dem Beruf oder der Arbeit in weiten Teilen vorhanden.

Arbeit zu haben dient im arabischen Raum eher der finanziellen Sicherung und dem Ansehen der Familie als der individuellen Selbstverwirklichung, auch wenn neueste Umfragen bei jungen Hochschulabsolventen in Marokko, Ägypten und den VAE ergeben haben, dass der individuelle Aspekt (Selbstverwirklichung im Beruf) eine immer wichtigere Rolle neben der familiären Absicherung spielt.[1]

Time and Timing: Zeitmanagement

«Ihr habt die Uhr, wir haben die Zeit», so lautet nicht umsonst ein arabisches Sprichwort, das den Umgang mit Zeit im arabischen Raum treffend charakterisiert. Das heißt aber nicht, dass alle Araber immer unpünktlich sind – man hüte sich vor solchen Verallgemeinerungen! Gerade die jüngere Generation ist im Umgang mit europäischen Geschäftspartnern meist bemüht, Termine und Zeitpläne einzuhalten. Schließlich weiß man, welchen großen Wert man dort in der Regel auf Pünktlichkeit und eingehaltene Zeitpläne legt.

In monochronen Kulturen haben Zeitverabredungen einen hohen Grad an Verbindlichkeit. Wer sich nicht an eine verabredete Zeitstruktur hält, gilt als unprofessionell, unzuverlässig und wenig vertrauenswürdig. Meine arabischen Freunde schütteln jedes Mal fast mitleidig den Kopf, wenn ich die Frage nach einem privaten Treffen mit dem Hinweis beantworte: «Sehr gerne, aber da muss ich erst einmal in meinen Terminkalender schauen, wann es geht.» Termine im Privatbereich, das ist dann doch zu viel!

In polychronen Kulturen wie der arabischen dominiert eine geringe Zeitorientierung. Termine oder Zeitpläne sind Belangen auf der Beziehungsebene deutlich nachgeordnet. Die Person steht vor dem Termin, vor der Einhaltung strikter Zeitpläne. Das bedeutet, dass ein Geschäftstermin auch schon einmal warten muss, wenn es beispielsweise um familiäre Angelegenheiten geht. Und Familien sind im arabischen Raum nach wie vor groß. Da benötigt der Cousin Hilfe oder ein Verwandter ist unvorhergesehen zu Besuch gekommen. Es kann daher auch passieren, dass der Cousin und möglicherweise auch noch ein Freund gleich mit zu dem Geschäftstermin gebracht werden. «Gott schuf die Zeit, von Eile hat er nichts gesagt.» Noch eines dieser zahlreichen arabischen Sprichwörter, das den flexiblen und in diesem kulturellen Kontext zielführenden Umgang mit dem Faktor Zeit charakterisiert.

«Mohamed, können wir unseren Termin in drei Monaten von 10.45 auf 11.30 Uhr verschieben?» Derartige im deutschsprachigen Raum durchaus übliche vorausschauende Planungen stoßen im arabischen Raum nicht nur auf schmunzelndes Unverständnis, sie sind schlichtweg wenig zielführend. Der Umgang mit Zeit ist gegenwartsbezogen. Langfristige Planungen und festgelegte Abläufe sind oft nicht einzuhalten und gelten als unflexibel und unrealistisch, da immer etwas dazwischen kommen kann. Improvisation, Spontaneität und Simultanität sind gefragt. Termine werden daher meist kurzfristig geplant und gelten nicht per se auch als verbindlich. Sie können pünktlich oder mit Verzögerung eingehalten werden, kurzfristig modifiziert werden oder ebenso kurzfristig ausfallen (etwa, wenn etwas Persönliches oder Berufliches dazwischen kommt).

Seien Sie also nicht persönlich beleidigt oder fühlen sich abgewertet, wenn Ihr arabisches Gegenüber zu spät kommt. Allah hat zwei Dinge reichlich geschaffen: Sand und Zeit!

«Ich habe keine Zeit!» Dieser Satz gilt im arabischen Raum als extrem unhöflich und kann durchaus als Beleidigung aufgefasst werden. Suchen Sie daher andere, indirekte Formulierungen. Geben Sie Ihrem arabischen Geschäftspartner stets das Gefühl, für ihn Zeit zu haben. Familiäre Verpflichtungen werden als «Entschuldigung» akzeptiert und gelten nicht als unprofessionell. Flexibilität in Sachen Zeitplanung ist ein absolutes must.

Geduld ist daher angezeigt, der Geschäftspartner wird schon kommen, «so Gott will» (*Inscha' Allah*). Es empfiehlt sich grundsätzlich, im Vorhinein viel Zeit einzuplanen. Zeit ist eine wichtige Investition in Ihren geschäftlichen Erfolg. Zu eng durchgetaktete Terminpläne haben wenig Aussicht auf Erfolg.

Ein bis zwei Termine pro Tag sind realistisch. Unterschätzen Sie zudem nicht die verkehrstechnischen Gegebenheiten. In arabischen Metropolen wie Dubai, Kairo oder Beirut zum Beispiel kann man da schon einmal in dem einen oder anderen Stau stecken bleiben. Bei terminierten Vorgängen ist es ratsam, von Vornherein interne Zeitpuffer einzuplanen. Das verschafft genügend zeitlichen Spielraum und vermindert Termindruck. Bei terminlichen Engpässen sollte man höflich nachhaken und an die Loyalität des anderen Ihnen gegenüber appellieren. Oft ist es hilfreich, die terminlichen Zwänge offenzulegen und die Konsequenzen für den Erfolg des gemeinsamen Projektes deutlich zu machen. Allerdings: Wer drängelt, der hat weniger Aussichten auf Erfolg. Für Geschäftstreffen gilt: Eine kurzfristige Terminplanung ist in der Regel sinnvoll. Teilen Sie Ihrem Geschäftspartner mit, in welchem Zeitraum Sie vor Ort sein werden, geben Sie Ihre Adresse vor Ort sowie Ihre Mobilnummer an, man wird Sie mit Sicherheit kontaktieren. Wenn man Termine bereits langfristig angekündigt hat, sollte man sie in jedem Fall eine Woche vorher und dann am Vortag oder am Tag selbst noch einmal abstimmen beziehungsweise bestätigen.

Und noch etwas: Oft kann es arabischen Geschäftspartnern nach langer Zeit des Abwartens dann auf einmal gar nicht schnell genug gehen, ein Projekt auf die Schiene zu bringen. Da muss dann alles sofort und mit zum Teil abenteuerlichen Deadlines erledigt werden. Auch hier heißt es dann: flexibel und vorbereitet sein, zahlt sich aus.

Grundsätzlich gilt: Mit Flexibilität und Geduld kommt man weiter als mit Beharren auf Einhaltung von Zeitplänen. *Inscha' Allah*, «So Gott will», an diesen Satz werden Sie sich gewöhnen müssen. Sollten Sie also ungeduldig in der Lobby warten: Nehmen Sie sich Arbeit oder ein Buch mit, um die Zeit zu nutzen oder aber genießen Sie einfach den guten arabischen Kaffee oder Tee. Denn es heißt nicht umsonst: Abwarten und Tee trinken.

Meetings

Auch Meetings laufen im arabischen Raum in anderer Weise ab. Im deutschsprachigen Raum werden Meetings meist im Voraus geplant. Im arabischen Raum werden Meetings häufig kurzfristig einberufen, etwa, wenn aktuelle Probleme erörtert oder Entscheidungen verkündet werden. Nicht immer gibt es eine vorher festgelegte formalisierte Tagesordnung, vielmehr richten sich Inhalt und Ablauf nach dem akuten Bedarf und der Vorgabe der Führungskraft, die das

Meeting auch leitet und lenkt. Die Sitzung ist oftmals von Beginn an formell und richtet sich entsprechend des Top-down-Prinzips nach den Vorgaben der Führungskraft. Deutsch-arabische Meetings laufen daher nicht selten anders, als von beiden Seiten gewünscht. Das Festhalten an formalen Abläufen erscheint aus arabischer Sicht oftmals als unflexibel und Zeitverschwendung. Ist TOP 2 für die aktuelle Situation nicht relevant, wird bestenfalls in der Thematik gesprungen oder aber Handy, Personal Digital Assistant und Co. rücken in das Zentrum der Aufmerksamkeit der arabischen Teilnehmer.

Personen aus dem deutschsprachigen Raum, die zeitliche Disziplin und Einhaltung formaler Vorgaben schätzen, empfinden dieses Verhalten oftmals als irritierend, störend und undiszipliniert. Auch hier zahlen sich Geduld, Toleranz und Flexibilität auf beiden Seiten aus, um ein Meeting zu einem erfolgreichen Abschluss zu bringen.

Umgang mit Behörden

Wer einmal im *mogamma*, der ägyptischen «Behörde für alles» in Kairo eine amtliche Angelegenheit zu erledigen hatte, der weiß, was Geduld bedeutet. Der ägyptische Komiker Adel Imam hat in der wunderbar bissigen Satire auf die Bürokratie des ägyptischen Regisseurs Sherif Arafa «Terror und Kebab» mit viel Charme, Witz und Ironie gezeigt, an welche skurrilen Abgründe die Erstellung einer einfachen amtlichen Beglaubigung einen unbescholtenen und friedliebenden Bürger bringen kann.

Der Umgang mit Behörden ist überall auf der Welt kompliziert, langwierig und erfordert viel Geduld. So auch im arabischen Raum. Mitarbeiter von Behörden denken auch hier mehrheitlich weder betriebswirtschaftlich noch leistungsorientiert. Entscheidungen verlaufen zweifach vertikal: Erst von unten nach oben zum Entscheidungsträger und dann wieder zurück. Mitarbeiter auf untergeordneten Ebenen lassen sich oft Zeit, da man Fehler vermeiden möchte. Im Zweifelsfall bleibt ein Antrag einfach liegen. Und das kann dauern.

Um Entscheidungsprozesse und andere Vorgänge zu beschleunigen sind auch hier die oben bereits erwähnten Netzwerke entscheidend. Das richtige *wasta* kann einen Stempel deutlich schneller auf ein benötigtes Papier zaubern. Durch den richtigen Partner vor Ort hat man in der Regel schnelleren Zugang und kürzere Wartezeiten. Aber auch hier gilt: Wer drängelt, wartet noch länger. Geduld und *wasta* sind meist die einzigen Helfer im Dschungel der Bürokratie. Und die mahlt, wie überall auf der Welt, langsam. Ganz langsam.

Geschäftszeiten

Die Geschäfts- und Öffnungszeiten im arabischen Raum variieren je nach Land und Branche. In der Privatwirtschaft sind die Arbeitszeiten meistens von 7.00/8.00 bis 12.00/13.00 Uhr, und dann wieder ab 15.00/16.00 bis 18.00/20.00 Uhr. Man sollte die lokalen Arbeits- und Öffnungszeiten im Zielland in jedem Fall vorher in Erfahrung bringen und bei der Terminplanung berücksichtigen. Denken Sie an eine Zeitverschiebung. Während der Mittagszeit sind Geschäftstermine in der Regel zu vermeiden, es sei denn, man wird explizit dazu eingeladen. Die meisten Araber verbringen die Mittagszeit zu Hause. Diese Siesta ist ebenso heilig wie in Deutschland die 20-Uhr-Nachrichten. Hier möchte man ungerne gestört werden. Die Wochenendregelung variiert ebenfalls im arabischen Raum: Donnerstag/Freitag, Freitag/Samstag, Samstag/Sonntag (siehe Länderprofile, ab Seite 193). Freitag ist der Tag des öffentlichen Gebets und daher in den meisten islamischen Ländern arbeitsfrei. Geschäfte öffnen mancherorts erst wieder am Freitagnachmittag. Die meisten Behörden haben freitags geschlossen. Es ist ratsam, sich vorher auch über die jeweiligen nationalen sowie religiösen Feiertage (siehe Kapitel 10, Seite 134 ff.) im Zielland zu erkundigen. Geschäftsreisen im Sommer (Juni bis August) sollten insbesondere in den arabischen Golfstaaten vermieden werden. Aufgrund der großen Hitze halten sich die meisten Entscheidungsträger und hochrangigen Persönlichkeiten aus der Golfregion im Ausland auf.

9. Konfliktmanagement: Konflikte erkennen und handhaben

Konfliktpotenziale

Der deutsche Mitarbeiter äußert in einer Teambesprechung Kritik an einem Entwurf, den sein marokkanischer Kollege gemacht hat. Dabei ist er sehr sachlich und trägt dezidiert die einzelnen Fakten zur Verbesserung vor. Der marokkanische Kollege ist persönlich betroffen und meidet seinen deutschen Kollegen im Folgenden. Dieser weiß gar nicht, warum, schließlich hat er doch nur die Sache kritisiert, und das aus seiner Sicht zu Recht.

Im deutschsprachigen Raum ist es meistens üblich, entsprechend der Sachorientierung und des direkten Kommunikationsstils, Kritikpunkte offen und an der Sache orientiert zu thematisieren und direkt anzusprechen. Nur so können aus dieser Sichtweise Probleme zügig erkannt und behoben werden. Man spricht Fehler in der Regel offen an, äußert Kritik, benennt und analysiert die Probleme ohne Umschweife. Das offene Kritikverhalten wird ausschließlich unter sachlichen Aspekten gesehen, nicht unter persönlichen. «Nimm es nicht persönlich, aber wir könnten das hier noch an folgenden Punkten verbessern.» Die emotionale Ebene sollte idealtypischerweise der Sachebene untergeordnet werden.

Im Umgang mit arabischen Kollegen oder Geschäftspartnern stößt diese direkte und konfrontative Art vor allem bei Kritik oder

Konflikten oftmals auf Unverständnis und Ablehnung. Im arabischen Raum ist man es entsprechend der Beziehungsorientierung und des indirekten Kommunikationsstils gewöhnt, Probleme und Kritik indirekt und sehr implizit zu thematisieren (vergleiche auch das Fallbeispiel aus Kapitel 5, Seite 93). Da Sache und Person nicht per se voneinander zu trennen sind, wird auch sachlich formulierte Kritik stets persönlich genommen. Während man in sachorientierten Kulturen bemüht ist, Kritik oder Konfliktpunkte neutral-sachlich anzugehen («Ich stimme mit Ihrem Vorschlag nicht überein und kann Sie daher in dieser Sache nicht unterstützen»), kommt diese Formulierung in beziehungsorientierten Kulturen bei dem Kritiknehmer meist an wie «Ich empfinde in dieser Sache nicht wie Sie, ich lehne Sie (und Ihren Vorschlag) ab», was in den meisten Fällen eine Störung auf der Beziehungsebene nach sich zieht.

Bei der Formulierung von Kritik zwischen hierarchisch Gleichgestellten ist daher ein kooperativer, aufwertender Unterton unbedingt ratsam («Sie haben bisher sehr gute Arbeit geleistet. Glauben Sie, wir könnten das an dieser Stelle auch so machen, indem wir … Was meinen Sie?»).

Konfliktpotenziale lauern in unterschiedlichen Bereichen:

Konfliktpotenziale Deutschsprachiger Raum eher:	Arabischer Raum eher:
• nicht erbrachte Leistung	• mangelnde Statusakzeptanz
• nicht gehaltene Absprachen	• mangelnder Respekt vor der Person
• fehlende fachliche Kompetenz	• fehlende menschliche Kompetenz
• mangelnde Anerkennung der Kompetenz	• mangelnde Loyalität
• Verletzung von Arbeitsregeln	• Verletzung sozio-kultureller Normen (Ehre)
• mangelndes Engagement	• mangelndes soziales Engagement

Deutschsprachiger Raum eher:	Arabischer Raum eher:
• fehlende Offenheit bei Kritik	• direkte Konfrontation, Offenheit bei Kritik
• keine zeitliche Disziplin	• zu große Fixierung auf Zeit
• Vernachlässigung der Arbeit	• Vernachlässigung sozialer, moralischer und religiöser Verpflichtungen
= Leistung/Sachebene	= Beziehung/Status/Moral

I am an honorable man – Ehre und Ehrenkodex

Vieles wird im arabischen Raum mit dem Begriff der Ehre belegt. Auch im Business spielen normativ-moralische Konzepte, wie Ehre und Moral, eine entscheidende Rolle. Es verstößt – idealtypisch gesehen – gegen die Ehre eines Geschäftspartners, einen anderen Geschäftspartner zu benachteiligen oder durch ein ungerechtes Geschäft zu schädigen (vgl. auch islamischer Ehrenkodex in Kapitel 2, Seite 37 ff.). Einmal vereinbarte Loyalität zu brechen ist unehrenhaftes Verhalten und wird in der jeweiligen *ingroup* entsprechend sanktioniert. Das Konzept der Ehre im arabischen Raum ist ein kollektives. Die Ehre des Einzelnen ist die Ehre der gesamten sozialen Einheit, die es zu wahren gilt.

In einem traditionell geprägten Umfeld wird heute auch noch zwischen einer weiblichen und einer männlichen Ehre unterschieden: Die weibliche Ehre umfasst Begriffe wie Jungfräulichkeit (bei der unverheirateten Frau) und Keuschheit (bei der verheirateten Frau) und bezieht sich damit auf einen inneren Bereich.

Die Ehre des Mannes ist dem äußeren Bereich zugeordnet. Er verteidigt das Kollektiv nach außen, wie auch die Ehre der Frauen der Familie. Diese Trennung in einen inneren und äußeren Bereich ist bestimmend für die Organisation des Alltags. Dem inneren und somit schützenswerten Bereich (*harim*) zugeordnet ist das Haus (der häusliche Bereich), der vom äußeren Bereich (Öffentlichkeit) getrennt ist. Wie in Kapitel 11 (Seite 166) beschrieben, kann man diese Aufteilung in privat (innen) und öffentlich (außen) auch an der Architektur eines traditionellen arabischen Wohnhauses ablesen. So gibt es mit dem *majlis* oder Salon im Bereich des Privathauses einen «öffentlichen» Raum für Gäste und Fremde. So bleibt die Privatsphäre des Hauses gewahrt.

Wichtig zu wissen ist in diesem Zusammenhang für den Geschäftspartner aus dem deutschsprachigen Raum, dass der Ehrbegriff in seinen vielen Facetten und Interpretationen ein wichtiger Bestandteil der sozialen Prägung ist und entsprechend oft im Vokabular vorkommt. *I am an honorable man.*

Reaktionsmuster auf Konflikte

Das vorige Fallbeispiel zeigt eine typische Reaktion auf Konflikte im arabischen Raum. Überhören, übergehen, die Beziehung auslaufen lassen, ins Leere laufen lassen, ausweichen oder bagatellisieren zählen zu den gängigsten initialen Reaktionsmustern auf Konflikte, natürlich mit individuellen Abweichungen. «Der hat sich schon lange nicht mehr gemeldet», das muss nicht, kann aber ein Hinweis auf eine Störung auf der Beziehungsebene infolge eines möglicherweise nicht erkannten Konflikts sein.

Während man im deutschsprachigen Raum in solchen Fällen offen anspricht, ob etwas nicht stimmt und dann bestenfalls eine offene Reaktion erwarten kann, werden im arabischen Raum oftmals Dinge einfach ausgesessen oder indirekt geklärt. Konfrontieren, direkter Widerspruch, auf direkter Klärung bestehen, «die Sache aus dem Weg räumen», das sind im deutschsprachigen Raum eher Reaktionsmuster auf Konflikte.

In beiden Fällen kann es zu einer Eskalation im Sinne eines Beziehungsabbruches kommen, nur ist es im deutschsprachigen Raum eher ein offener Beziehungsabbruch und im arabischen Raum ein indirekter, den man in Unkenntnis der kulturellen Standards «übersehen» kann. Es ist in jedem Fall ratsam, bei solchen Anzeichen eines Rückzugs wachsam zu bleiben und die unterschiedlichen Strategien der Konfliktlösung anzuwenden.

Das Gesicht wahren: Strategien der Konfliktlösung

Die Niederlassung einer österreichischen Baufirma in Tripolis arbeitet für einen Großauftrag mit einem libyschen Subunternehmer zusammen, der unter anderem Betonverschalungen liefert und auch den libyschen Bauleiter und dessen Team stellt. Seit einiger Zeit gibt es zunehmend Abstimmungsprobleme, Lieferungen verzögern sich und der Mängelquotient steigt. Herr Baumgartner, Ingenieur und Niederlassungsleiter in Tripolis, gerät zunehmend unter Druck. An dem Großprojekt hängt viel, nicht nur das Prestige seiner Firma. Die Abstimmungsprobleme und ständigen Nachbesserungen kosten ihn Geld, Zeit und Nerven und sind in seinen Augen vollkommen unnötig.

Herr Baumgartner steht als Verantwortlicher enorm unter Druck – er befürchtet, dass das Projekt auf diese Weise nicht gelingen kann und beruft eine Krisensitzung ein, um Schlimmeres zu verhindern. In einem sachlichen und offenen Gespräch mit allen Beteiligten auf österreichischer und libyscher Seite sollen die Probleme auf den Tisch gebracht werden. Zu dem Gespräch bittet Herr Baumgartner Herrn Münch, seinen Bauingenieur, Herrn Artaban, den Projektleiter, Herrn Youssoufi, den Bauleiter vor Ort und einige seiner Mitarbeiter sowie die entsprechenden Personen aus dem libyschen Team.

Gut gemeint, und im deutschsprachigen Raum möglicherweise auch die adäquate Strategie der Konfliktlösung. Im arabischen Raum jedoch wenig geeignet.

Ein offenes Gespräch, an dem alle Hierarchiestufen gleichermaßen beteiligt sind, ist ungeeignet, da es einen Gesichtsverlust aller Beteiligten, vor allem aber der in der Hierarchie oben stehenden Personen, bedeuten würde. Undenkbar, dass der Bauleiter vor seinen Mitarbeitern möglicherweise im Dienste der Sache kritisiert würde.

Zielführender sind in einem ersten Schritt Einzelgespräche unter Berücksichtigung der entsprechenden Hierarchiestufen. Herr Baumgartner steht als Niederlassungsleiter auf der gleichen Hierarchiestufe wie der Inhaber des libyschen Subunternehmers, nennen wir ihn Herrn al-Jalludi (der gemeinerweise in unserem Fallbeispiel nicht erwähnt wurde). Er müsste also, nachdem seine Gespräche mit dem Projektleiter keine Wirkung zeigen, sich direkt an den Chef des libyschen Unternehmens richten und ihm die Problematik schildern. Ein mögliches Szenario wäre auch, dass wiederum der Chef von Herrn Baumgartner in Österreich, nennen wir ihn Herrn Oberleitner, die Sache auf höchster Ebene (mit Herrn al-Jalludi) klären müsste. Der libysche Projektleiter fühlt sich entsprechend des Topdown-Managementstils nur seinem eigenen Chef, Herrn al-Jalludi, verpflichtet. Nur er kann letztlich die entsprechend wirksamen korrigierenden Anweisungen geben.

Flankiert werden können diese Gespräche auf der Führungsebene jeweils von den nachgeordneten Ebenen (Herr Münch und Herr Youssoufi), um eine größtmögliche Kontrolle bis in die letzten Einheiten zu gewährleisten. Den Konflikt kann man also nur unter Beachtung der Hierarchiestufen und unter Vermeidung von Gesichtsverlust lösen.

Wie könnte nun das Gespräch auf der Führungsebene, zwischen Herrn Oberleitner (beziehungsweise Herrn Baumgartner) und Herrn al-Jalludi aussehen? Wichtig ist zunächst, dass Herr Baumgartner an die Gemeinsamkeiten appelliert und die gute Zusammenarbeit lobt. Zielführend ist auch ein temporärer Ebenenwechsel von der Sach- auf die Beziehungsebene. Er könnte Herrn al-Jalludi zum Beispiel zum Essen einladen und so erst einmal die gemeinsame Beziehungsebene betonen.

In einem zweiten Schritt können dann die Verbesserungswünsche formuliert werden beziehungsweise je nach Situation die Problematik als eine beide Seiten betreffende und das gemeinsame Projekt gefährdende Situation thematisiert werden (gemeinsame Konsequenzen aufzeigen), an deren gemeinsamer Lösung beide Seiten nur interessiert sein können. Diplomatie ist das Gebot und meistens weitaus zielführender als direkte Konfrontation. Je enger die Beziehungsebene ist und damit verbunden die gegenseitige Loyalität, desto eher wird man Konflikte gemeinsam lösen können und desto eher hat man eine Handhabe im Konfliktfall. Auf arabischer Seite wird in solchen Fällen eben genau dieser Ebenenwechsel von der Sach- auf die Beziehungsebene praktiziert.

In besonders schwierigen Fällen der Konfliktlösung greift man im arabischen Raum auch auf einen neutralen Vermittler zurück. Das Prinzip der Vermittlung durch Dritte ist eine bewährte Strategie der Konfliktlösung. Schon der Prophet Muhammad hatte diese ehrenvolle Funktion.

Strategien der Konfliktlösung

Deutschsprachiger Raum eher:	Arabischer Raum eher:
• Überzeugungsversuche	• symbolische Gesten
• Klärungsversuche	• Entgegenkommen/Kompromiss
• offenes Ansprechen der Gegensätze	• Konzentration auf Gemeinsamkeiten
• Ursachenforschung	• Ebenenwechsel: auf persönliche Ebene
• direkte An-/Aussprache	• indirekte Vermittlung (durch Dritte)
• Konfliktfähigkeit	• Konfliktvermeidung
• Schuldkultur	• Schamkultur (Gesicht wahren)
= Klärung, Richter, sachlich neutral	= Ausgleich, Schlichter, personengebunden

In kollektiven Gesellschaften ist es von zentraler Bedeutung, das Gesicht zu wahren. Ehre und Loyalität sind auch bei Kontroversen stets zu schützen. Konflikte innerhalb der *ingroup* sind zu vermeiden (Konfliktvermeidung) beziehungsweise indirekt zu lösen. Ein Problem direkt anzusprechen ist unüblich (siehe indirekte Kommunikation), da es die Beziehungsebene stören könnte. Der Ausgleich steht vor einer Klärung. Ziel ist es in erster Linie, die Beziehungsebene innerhalb der *ingroup* wieder störungsfrei herzustellen. Im Jemen ist es zum Beispiel üblich, dass der Stamm, der in einem Streitfall Recht erhalten hat, dem anderen Stamm einen Ausgleich zahlt. Eben um das Gleichgewicht wieder herzustellen und einem Ausbruch neuer Konflikte möglichst vorzubeugen. So fremd ist uns dieses Prinzip auch nicht, wie das Sprichwort aus Bayern belegt: «Wer Recht hat, zahlt eine Maß.»

Tipps zur Konfliktlösung:
- Versuchen Sie, Konflikte bereits im Vorfeld zu entschärfen.
- Das Gegenüber darf in einem Konflikt nie das Gesicht verlieren (auch wenn Sie im Recht sind).
- Gespräche zur Konfliktlösung sollten nicht vor/in einer Gruppe erfolgen, sondern im Einzelgespräch. Hierarchien beachten!
- Der Appell an Gemeinsamkeiten, versöhnende Gesten, herzliche und aufwertende Worte oder eine Vermittlung über Dritte sind bewährte Strategien des Konfliktmanagements.
- Klärung auf der Sachebene ohne den Bezug zur Beziehungsebene ist im arabischen Raum in der Regel nicht möglich.

10. Freitags nie!
Der Islam im Geschäftsleben

Grundlagen des Islam

Der Islam ist nicht nur Religion, sondern auch Gesellschaftsordnung und Wirtschaftsfaktor. Er prägt und durchdringt sämtliche Bereiche des menschlichen Lebens. Jeder, der mit muslimischen Geschäftspartnern kooperieren möchte, ist daher gut beraten, sich mit den zentralen Begriffen des Islam und den daraus resultierenden Handlungsmaximen für Muslime vertraut zu machen.

Was bedeutet Islam wörtlich?

Das arabische Wort Islam ist abgeleitet von dem Wortstamm *salima*, was «heil sein», «unversehrt sein», «frei sein» sowie im II. beziehungsweise IV. Stamm, «sich in den Willen Gottes ergeben, sich Gottes Willen hingeben» bedeutet. Zum Inhalt des Stammwortes gehört auch das Wort «Friede» *(salam)*. Islam bedeutet wörtlich also Hingabe an Gott, Gottesausgerichtetheit. Ein Muslim ist, wer «sich dem Willen Gottes hingibt». Goethe hat diesen Aspekt der Gottesergebenheit in seinen berühmten Versen aus dem West-östlichen Divan aufgegriffen: «Wenn Islam Gott ergeben heißt, im Islam leben und sterben wir alle.» Diese Gottesausgerichtetheit (Islam) manifestiert sich im Glauben und Handeln. In diesem Sinne umfasst der Islam nicht nur rituelle Handlungen Gott gegenüber, sondern das gesamte menschliche Leben.

Der Prophet Muhammad

Muhammad – Siegel der Propheten
Muhammad heißt wörtlich «der Gepriesene». Muhammad ist nach islamischem Verständnis der Gesandte Gottes *(rasul Allah)*. Nur in dieser Funktion hebt er sich von anderen Menschen ab. Er ist ausschließlich menschlicher Natur und sah sich in einer Reihe von Propheten, die vom Anfang der Zeiten an den Glauben an den einen Gott verkündet haben (Abraham, Moses, Jesus, u. a.). In dieser Funktion ist er «Sprachrohr Gottes». Muhammad gilt als Siegel der Propheten (Sure 33, Vers 40). Gemäß islamischem Verständnis ist die Offenbarungsgeschichte durch ihn für alle Zeiten abgeschlossen. Er ist kein «Mittler» zwischen Gott und Mensch und auch kein Religionsstifter, letzteres ist nur Allah allein.

Der Prophet Muhammad ibn Abdallah ibn Abd al-Muttalib ibn Haschim ibn Abd Manaf al-Quraischi[1] wurde um 570 n. Chr. in Mekka auf der arabischen Halbinsel, dem heutigen Saudi-Arabien, geboren. Er war das jüngste Mitglied einer Großfamilie der Sippe Haschim aus dem Stamm der Quraisch. Die Quraisch waren ein einflussreicher, wohlhabender und überregional angesehener Stamm, der zentrale gesellschaftliche, wirtschaftliche und religiöse Funktionen innehatte. Sie trieben Handel und kontrollierten das Kreditwesen.

Sein Großvater Abd al-Muttalib war Hüter der Kaaba in Mekka, bereits zu Zeiten Muhammads eine heilige Stätte und Wallfahrtsort.

Die Quraisch überwachten zudem das während der Wallfahrt herrschende Kampfverbot. Mekka war damals bereits Pilgerstätte und aufgrund seiner geostrategischen Lage an der wichtigen Handelsstraße, die den arabischen Süden mit dem Mittelmeer verband, ein zentraler Umschlagplatz für Handelskarawanen.

Muhammad wuchs als Vollwaise unter der Obhut seines Großvaters und nach dessen Tod seines Onkels, Abu Talib, auf. Sein Vater, Abdallah, ein wohlhabender Kaufmann, war bereits vor seiner Geburt gestorben, seine Mutter Amina, als er sechs Jahre alt war. Von seinem Onkel Abu Talib erlernte er den Beruf des Kaufmanns.

Bereits in seiner Jugend und auch später im Auftrag der wohlhabenden Witwe und Kauffrau Khadija, begleitete Muhammad Handelskarawanen nach Syrien. Hier kam er mit Angehörigen verschiedener Religionen zusammen (unter anderem Juden, Christen, Sabäern, Hanifen, Zoroastriern).

Auf der arabischen Halbinsel selbst gab es zahlreiche religiöse Praktiken und unterschiedliche Gottesvorstellungen. Weit verbreitet waren Pan- und Polytheismus. Es gab aber auch bereits monotheistische Vorstellungen, eine übergeordnete Gottheit, die als *ilah* bezeichnet wurde. Man nennt diese vorislamische Zeit auch *jahiliya*, die Zeit der Unwissenheit. Im Alter von 25 Jahren heiratete Muhammad die vierzigjährige Geschäftsfrau Khadija. Aus dieser Ehe gingen zwei Söhne, die im Kindesalter starben, und vier Töchter hervor. Auf die jüngste Tochter, Fatima, gehen alle Nachkommen Muhammads zurück.

Die erste Offenbarung

Muhammad äußerte bereits vor seiner Prophetenschaft Kritik an den religiösen Praktiken und gesellschaftlichen Zuständen seiner Zeit. Er zog sich immer wieder zur Meditation in die Abgeschiedenheit einer Höhle vor dem Berg al-Hira (zwölf Kilometer nördlich von Mekka) zurück. Hier hatte er im Alter von 40 Jahren im Jahre 609/610 n.Chr. sein erstes Berufungserlebnis. In der «Nacht der Bestimmung» *(lailat al-qadr)* erschien ihm der Erzengel Gabriel mit

einer Schriftrolle in der Hand und forderte ihn auf: *Iqra!* – was bedeutet, «Lies, rezitiere, trage vor!»
Von diesem Erlebnis der ersten Offenbarung ergriffen und verwirrt, vertraute sich Muhammad seiner Frau, Khadija, an. Sie war überzeugt von der göttlichen Herkunft seines Offenbarungserlebnisses und ermutigte Muhammad fortan. Zu seinen ersten Anhängern zählten neben Khadija, sein Vetter und späterer Schwiegersohn Ali, Abu Bakr und sein Adoptivsohn Zayd.

Muhammad sah sich von Gott beauftragt als *mundhir*, als Warner, die von ihm kritisierte Glaubens- und Lebenswelt seiner Umwelt zu ändern und seine Mitmenschen vor dem nahenden göttlichen Endgericht zu schützen. Er wandte sich vor allem gegen den Polytheismus und gegen die soziale Ungerechtigkeit seiner Zeit. Über einen Zeitraum von 23 Jahren empfing Muhammad in unregelmäßigen Abständen weitere göttliche Offenbarungen, die Inhalte des Koran. Die ersten Offenbarungen in Mekka, die Koransuren, die auch als mekkanische Suren bezeichnet werden, verkünden vor allem die Einheit Gottes *(tauhid)*. Die Einheit Gottes wird durch das arabisch Wort *Allah* (zusammengesetzt aus *al-ilah* = der [eine] Gott) ausgedrückt. Im Übrigen verwenden auch arabische Bibelübersetzungen diesen Begriff *Allah*.

Die Hijra – Beginn der islamischen Zeitrechnung
Als Muhammad seine Botschaft an seinen Stamm, die Quraisch, in Mekka richtete, stieß er auf heftige Ablehnung. Sie sahen sich durch die neue Lehre in ihrer Existenz bedroht und fürchteten, Mekka könne seine Position als Wallfahrtsort und Wirtschaftszentrum verlieren. Man begann, die Anhänger Muhammads zu verfolgen. Mit dem Tod seines einflussreichen Onkels Abu Talib und kurz darauf seiner Frau Khadija war die Sippenschutzverpflichtung der Quraisch gegenüber Muhammad nicht mehr gewährleistet. Ohne den Schutz seines Stammes konnte Muhammad seine Lehre nicht weiter predigen, und so zog er mit seinen engsten Gefolgsleuten *(muhajjirun)* 622 n.Chr. von Mekka nach Yathrib, dem heutigen Medina.

Die dort ansässigen Stämme hatten ihn zuvor aufgrund langanhaltender Fehden als unparteiischen und stammesfremden Schlichter berufen. Die Auswanderung, die *hijra*, markiert den Beginn der neuen islamischen Zeitrechnung. Yathrib wurde im Folgenden *madinat an-nabbi*, die Stadt des Propheten, genannt, was sich später zu Medina verkürzte. Und sie markiert den Wandel einer verfolgten Religionsgemeinschaft zu einer organisierten, unabhängigen islamischen Gemeinde. Hier schuf Muhammad eine neue Solidargemeinschaft auf religiöser Grundlage.

Entsprechend sind die Offenbarungen der medinensischen Zeit im Gegensatz zur mekkanischen Zeit geprägt durch Vorschriften zur Strukturierung und Organisation der *umma*, der islamischen Gemeinde. Während die mekkanischen Suren durch jenseitig ausgerichtete, eschatologische Inhalte geprägt sind, enthalten die medinensischen Suren explizite Vorschriften zur Organisation des Diesseits. Die *ummat al-madina* ist das erste islamische Gemeinwesen und gilt als idealtypische Form der Gemeinschaft der Gläubigen. In idealisierter Form wird es im heutigen Diskurs um den politischen Islam als Vorbild für den idealen und gerechten Staat herangezogen.

**Die Nachfolge des Propheten –
Die vier rechtgeleiteten Kalifen**
Nach seinem Tod im Jahre 632 n. Chr. stand die junge islamische Gemeinde vor einem Problem: Der Prophet, dessen Söhne bereits im Kindesalter gestorben waren, hatte weder einen Nachfolger bestimmt, noch, auf welche Weise der Nachfolger zu bestimmen sei. Zunächst einigte man sich auf Abu Bakr, einen der engsten Vertrauten und Schwiegervater des Propheten, genannt «der Aufrichtige». Seine Tochter Aischa galt als Lieblingsfrau Muhammads.

Als Stellvertreter des Gesandten Gottes *(khalif rasul Allah)* übernahm er die Leitung der muslimischen Gemeinde. Ihm folgten Umar, Uthman und Ali als rechtgeleitete Kalifen. In dieser Zeit erfolgte eine erste geografische Ausweitung der islamischen Gemeinde.

Bereits unter Umar war das Fundament des künftigen arabisch-islamischen Großreiches entstanden, 638 besiegte sein Heer das byzantinische Jerusalem, 642 fiel Alexandria. Am Ende seiner Herrschaft umfasste das islamische Reich die gesamte arabische Halbinsel, Palästina, Syrien sowie weite Teile Persiens, Ägyptens und Libyens.

Um die rechtmäßige Nachfolgeschaft gab es indes Streitigkeiten. Bereits die Nachfolge durch Uthman war nicht ohne interne Streitigkeiten verlaufen, da er den Banu Umayya, einer Sippe der Quraisch, angehörte, die sich zur Zeit des Propheten vehement gegen den Islam gewehrt hatten. Seine Wahl ist dem wachsenden Einfluss dieser Sippe zuzuschreiben und wurde von einigen Anhängern des Propheten heftig angefochten.

Zu dem bedeutendsten Vermächtnis von Uthman gehörte die erste und bis heute verbindliche Redaktion beziehungsweise schriftliche Niederlegung des Koran. Die Redaktion des Koran kann durchaus als Mittel zur Herrschaftslegitimierung gewertet werden. Warf man ihm doch vor, seine eigene Sippe, die Banu Umayya, zu bevorteilen. Im Zuge von Auseinandersetzungen mit einer unzufriedenen ägyptischen Delegation wurde Uthman 656 ermordet. Nach seiner Ermordung entbrannten erneut heftige Auseinandersetzungen um die rechtmäßige Nachfolge. Die Gruppe um Ali setzte sich durch. Er wurde zum Nachfolger des Propheten bestimmt, zumal er, Vetter und Schwiegersohn von Muhammad, als erster Muslim und einer seiner engsten Vertrauten galt und direkt nach dessen Tod vom ersten Kalifen Abu Bakr bereits vorgeschlagen worden war.

Die Sippe der Banu Umayya, der auch der noch unter Uthman ernannte syrische Statthalter Mu'awiya angehörte, weigerte sich, Ali als rechtmäßigen Nachfolger anzuerkennen. Dieser Konflikt spitzte sich 657 bei Siffin am Euphrat zu, wo sich Ali und Mu'awiya mit ihren Anhängern feindlich gegenüberstanden. Um Blutvergießen unter Muslimen zu verhindern, willigte Ali in eine Vermittlung ein. Im Zuge dieser Auseinandersetzung bei Siffin bildeten sich drei Richtungen heraus:

1. *Schiiten:* Die Anhängerschaft/Partei Alis *(shi'at Ali)*, die das Kalifat für Nachfolger des Propheten beziehungsweise der Prophetenfamilie forderten (genealogisches Prinzip)
2. *Sunniten:* Die Anhänger Mu'awiyas, die das Kalifat für die Angehörigen der Quraisch forderten, (*ahl as-sunna wa-l-jam'a* = Leute des Brauches und der Gemeinschaft) (dynastisch-aristokratisches Prinzip)
3. *Kharijiten:* Kalifat für den besten Muslim (puritanisches Prinzip)

Im Zuge dieses Machtkampfes, der sich noch einige Jahre ohne Einigung hinzog, wurde Ali 661 in Kufa von einem Kharijiten ermordet.

Mu'awiya übernahm als erster Kalif der nun folgenden Dynastie der Umayyaden (661–750 n. Chr.) die Herrschaft. Unter seiner Herrschaft wurde das Machtzentrum nach Damaskus verlegt und die Erblichkeit des Kalifats bestimmt. Das dynastische Prinzip setzte sich somit endgültig durch.

Während bei den rechtgeleiteten Kalifen das Prinzip der Stellvertreterschaft des Propheten Allahs *(khalifat rasuli llah)* galt, wurde nun die direkte Stellvertreterschaft Allahs *(khalifat Allah)* zur Herrschaftssicherung eingeführt.

Kalif/Kalifat

arab. von *khalifa* = Stellvertreter, Nachfolger. Titel für die Nachfolger Muhammads in der Führung der Gemeinschaft der Muslime.

Sunniten und Schiiten

Aus dem Machtkampf zwischen Ali und Mu'awiya geht das Schisma der islamischen *umma* hervor, das die islamische Gemeinde bis heute in Sunniten und Schiiten spaltet. Während die Sunniten alle vier rechtgeleiteten Kalifen anerkennen, erkennen die Schiiten nur Ali als einzigen rechtmäßigen Nachfolger Muhammads an. In dieser Funktion ist Ali der erste Imam der Schiiten.

Seine beiden Söhne, Hassan (2. Imam) und Hussain (3. Imam).

weigerten sich nach dem Tod Muʿawiyas, die Herrschaft seines Sohnes Yazid und damit die erbliche Herrschaft (dynastisches Prinzip) anzuerkennen. Hussain widersetzte sich mit seinen Anhängern bei Kerbela, wo er am 10. Muharram (islamischer Monat) 680 im Kampf fiel. Der Märtyrertod von Hussain bei Kerbela ist bis heute Teil der schiitischen Frömmigkeit. Bei einer zwölftägigen Trauerfeier gedenken die Schiiten in einem Passionsritus des Märtyertodes von Hussain. Öffentliche Selbstgeißelungen sind Teil dieses schiitischen Passionsritus.

Der Imam/Das Imamat der Schiiten

Imam = von arab. *imam*, Anführer, Vorbeter, Vorbild. Der Imam ist bei den Schiiten der oberste Leiter der islamischen Gemeinde. Nach Verständnis der Zwölfer-Schia (siehe unten) muss der Imam unfehlbar und frei von Sünde sein. Für diese Aufgabe habe Allah Ali und seine direkten männlichen Nachkommen vorgesehen, weil sie alleine das Kriterium der Unfehlbarkeit und Sündelosigkeit erfüllen. Gemäß dieser Auffassung wird der Imam direkt von Allah bestimmt und nicht von den Menschen gewählt. Die Aufgabe des von Gott geleiteten Imam ist es, die Offenbarung zu interpretieren und die Muslime gottgefällig zu führen. Sein Amt ist wie das der Propheten ein Amt zur Durchführung göttlicher Aufgaben, mit dem Unterschied, dass der Imam keine göttlichen Offenbarungen erhält. In dieser Konzeption des Imamats unterscheiden sich die Schiiten wesentlich von den Sunniten, die eine Vermittlerrolle zwischen Mensch und Gott gemäß ihrer Interpretation des Einheitsgedankens ablehnen.

Innerhalb der Schia gibt es ebenfalls Gruppierungen. Die zahlenmäßig größte Gruppe mit rund 25 Millionen Anhängern ist die Zwölfer-Schia, die in Iran seit dem 16. Jahrhundert Staatsreligion ist. Die Zwölfer-Schia geht davon aus, dass Allah dem Propheten den tiefen Sinn der Offenbarung erläutert habe und dass Kraft seiner Gnade zwölf seiner Nachkommen in ununterbrochener Reihenfolge einander die Erkenntnis weitergeben. Gemäß der Zwölfer-Schia ist der zwölfte und somit letzte Imam, Muhammad al-Mahdi im Jahr 874 entrückt und lebt in Verborgenheit. Seither warten die Zwölfer-Schiiten auf dessen Rückkehr.

Währenddessen übernehmen die Ayatollahs das Interim-Imamat zur Leitung der Gläubigen. Die zweitgrößte Gruppe der Schiiten stellt die Siebener-Schia (auch Isma'iliten genannt) dar. Sie beziehen sich auf den siebten Imam, Isma'il. Zu dieser Gruppe zählen etwa 15 Millionen Gläubige, vor allem in Indien, Pakistan und Ostafrika.

Die Sunniten machen rund 85 Prozent, die Schiiten annähernd 15 Prozent aller Muslime aus.

Die Erkenntnisquellen im Islam: Koran und Sunna

Der Koran

arab.: *al-Qur'an* = die Lesung, der Vortrag, die Rezitation. Der Koran gilt als authentisches und unverfälschtes Wort Gottes, als die letzte und umfassende Offenbarung, die dem Propheten Muhammad Wort für Wort in arabischer Sprache offenbart wurde.

Der Koran enthält die wichtigsten Grundsätze des Islam. Er ist die Heilige Offenbarungsschrift des Islam und besteht aus 114 Suren, die nach Länge geordnet sind. Mit Ausnahme der ersten Sure (Eröffnungssure, *fatiha*) stehen die längsten Suren am Anfang, die kürzesten am Ende des Koran.

Als Heilige Schrift und authentisches Wort Gottes, das die grundlegenden Leitlinien des Lebens vorgibt, wird der Koran auch im Alltag der Muslime in Ehren gehalten. Jeder Muslim ist angehalten, soviel wie möglich aus dem Koran auswendig zu lernen. Es gilt als besonders ruhmvoll, den gesamten Koran auswendig rezitieren zu können und ihn einmal von Hand abgeschrieben zu haben. Das Rezitieren des Koran hat hierbei einen besonderen Stellenwert. So ist es eine Kunst, Gottes Wort in möglichst schöner Form vorzutragen. Auch im Bereich der Volksfrömmigkeit wird dem Koran besondere Bedeutung beigemessen. Es ist verbreitet, Miniaturausgaben des Koran als Amulett bei sich zu tragen.

Der Koran wird darüber hinaus auch aufgrund der Schönheit seiner Sprache als Meisterwerk arabischer Prosa verehrt. Sein literarischer Wert gilt als weiterer Beweis seiner göttlichen Herkunft. Aufgrund der Tatsache, dass der Koran in arabischer Sprache offenbart wurde, genießt die arabische Sprache einen besonderen Stellenwert. Sie gilt als heilige Sprache, als Sprache des Wort Gottes. Aus diesem Grunde erkennt das Gros der Muslime den Koran nur in arabischer Sprache an, weltweit wird er nur in arabischer Sprache gelehrt.

Respekt vor dem Heiligen Buch im Alltag

Als authentisches Wort Gottes wird dem Koran entsprechender Respekt entgegengebracht. Ein Koran darf nur an moralisch und hygienisch reinen Orten aufbewahrt und gelesen werden. Der Koran darf nur im Zustand der rituellen Reinheit aufgeschlagen werden. Es ist daher unangebracht, während der Lektüre des Korans zu essen, zu trinken oder zu rauchen. Auch sollte von handschriftlichen Anmerkungen im Buch selbst Abstand genommen werden. Auf dem Koran sollte nie ein anderes Buch abgelegt werden.

Neben dem Koran stellt die Sunna die zweite Quelle des Islam dar. Die Lebensweise des Propheten, seine Aussprüche, sein Verhalten, seine Unterlassungen sowie seine Auslegung der Offenbarung gelten als Vorbild für alle Muslime. Überliefert ist die Sunna in den *Hadithen*, den Mitteilungen der Prophetengefährten, Augenzeugenberichte über das öffentliche und private Auftreten des Propheten. Die Hadithe werden zur Interpretation des Koran herangezogen.

Koran und Sunna bilden die Grundlage der islamischen Glaubens- und Pflichtenlehre. In der letzten Rede des Propheten Muhammad, während der sogenannten Abschiedswallfahrt, heißt es: «Ich habe euch etwas Klares und Deutliches hinterlassen. Wenn ihr daran festhaltet, werdet ihr niemals in die Irre gehen: Gottes Buch und die *sunna* seines Propheten.»

Die Sunna

arab.: *as-sunna* = gewohnte Handlungsweise, Herkommen, Brauch. Als Sunna wird die Lebensweise des Propheten bezeichnet. Das, was er gesagt, getan, gebilligt oder bewusst unterlassen hat.

Die Scharia

Die Scharia

arab.: *ash-schari'a* = der Weg zur Tränke. Der Begriff Scharia bezeichnet im eigentlichen Sinne den Weg zur Verwirklichung der Einheit von Glauben und Handeln.

Die Scharia umfasst die Gesamtheit der religiösen Vorschriften aus Koran und Sunna, welche die Handlungen des Menschen im privaten und öffentlichen Bereich regeln. Die Scharia ist das islamische Gesetz, dass für jeden gläubigen Muslim zugleich rechtliche und religiöse Verpflichtung ist.

Mit der Befolgung der Scharia erfüllen die Gläubigen den Willen Gottes. Die Scharia enthält die von Gott gesetzte und dem Propheten Muhammad offenbarte Schöpfungsordnung, die bis zum Jüngsten Gericht Gültigkeit hat. In dieser umfassenden Bedeutung geht der Wirkungsbereich der Scharia weit über den des abendländischen Rechts hinaus.

Bei der Scharia handelt es sich um kein kodifiziertes Recht. Vielmehr werden die rechtsverbindlichen Aussagen durch Interpretation von Koran und Sunna abgeleitet beziehungsweise bestimmt. In den meisten islamischen Ländern wurden parallel zur Scharia Strafgesetzbücher erlassen, welche insbesondere die strengen Bestrafungen durch die Scharia abmilderten. Darüber hinaus hat es immer auch ein vom Herrscher erlassenes, staatliches Recht gegeben, das jedoch nicht im Widerspruch zur Scharia stehen durfte sowie das sogenannte Gewohnheitsrecht *('urf)*.

In den meisten arabischen Staaten wird die Scharia heute zutage in der Verfassung ausdrücklich als Quelle der Rechtsschöpfung anerkannt. (Ausnahme: Weder Tunesien noch Algerien oder Marokko haben in ihren Verfassungen einen Hinweis auf das islamische Recht als Quelle ihrer Gesetzgebung verankert.) Vor allem Rechtsbereiche, wie das Personen-, Familien-, Erb- und Eherecht basieren hier überwiegend auf der Scharia.

In anderen Rechtsbereichen, zum Beispiel dem Zivil-, Handels- und Wirtschaftsrecht, orientiert man sich an westlichem Recht, v. a. dem französischen oder englischen Recht. Bis heute ist diese Mischung – mit unterschiedlicher Ausprägung – im arabischen Raum vorherrschend.

Die fünf Säulen des Islam

Die Einhaltung der fünf Säulen des Islam gehört zu den Grundpflichten eines jeden Muslim.

1. Das Glaubensbekenntnis (shahada)

Erste Pflicht eines Muslim ist es, seinen Glauben an den einen und einzigen Gott sowie an Muhammad als seinen Gesandten zu bezeugen. Das islamische Glaubensbekenntnis lautet: «Ich bezeuge, dass es keinen Gott gibt außer Allah, und dass Muhammad sein Gesandter ist.» Wird dieser Glaubenssatz im Beisein von zwei muslimischen Zeugen mit entsprechender Absicht zur Konversion und in Richtung Mekka gewandt gesprochen, ist damit die Konversion zum Islam vollzogen.

> **Achtung:**
> Sprechen Sie die *shahada* als Nichtmuslim nur dann vollständig aus, wenn Sie zum Islam konvertieren wollen. Ansonsten vermeiden Sie es aus Respekt vor Muslimen, diesen Satz leichtfertig auszusprechen.

2. Das Gebet (salat)

Das Gebet gilt gemäß einem Prophetenausspruch als tragender Pfeiler des Glaubens. Es ist zentraler Glaubensbeweis und daher Pflicht für jeden Muslim. Fünfmal am Tag ruft der Muezzin die Gläubigen zum Gebet, das sich nach dem Sonnenstand richtet und daher je nach Orts- und Jahreszeit geringfügig variiert.

Die Pflichtgebete – Zeiten

Gebet der Morgendämmerung	zwischen Morgendämmerung und Sonnenaufgang
Mittagsgebet	vom «Einsetzen des Abstiegs der Sonne nach Westen bis zum Augenblick (…), in dem der Schatten einer Person die Länge ihrer tatsächlichen Größe erreicht.»
Nachmittagsgebet	vom Ende der vorausgehenden Zeit bis zum Sonnenuntergang
Gebet zum Sonnenuntergang	vom Sonnenuntergang bis «die Röte der Abenddämmerung am Horizont verschwindet»
Nachtgebet	zwischen Einbruch der Dunkelheit und Beginn der Morgendämmerung

Das Gebet muss im Zustand ritueller Reinheit *(ihram)* erfolgen. Hierzu dienen die rituellen Waschungen und der Gebetsteppich. Der Gläubige muss das Gebet in Richtung Mekka *(qibla)* verrichten. Reisende, Kranke, alte und gebrechliche Menschen sind von der Verpflichtung zu beten ausgenommen. Frauen gelten während der Menstruation als unrein und können zu dieser Zeit das Gebet nicht verrichten. Wenn möglich, sollte das Gebet zu einem anderen Zeitpunkt nachgeholt werden. Es kann vorkommen, dass Ihr muslimischer Mitarbeiter oder Geschäftspartner ein Meeting zum Beten unterbricht. Sie sollten dabei lediglich beachten, nicht vor dem Kopf des Betenden entlang zu gehen, da Sie sonst dessen geistige Verbindung nach Mekka unterbrechen und das Gebet ungültig wird.

Das Freitagsgebet in der Moschee ist das Gemeinschaftsgebet. Männer und Frauen beten hier räumlich getrennt. In den meisten islamischen Ländern ist der Freitag der arbeitsfreie Tag.

3. Das Almosen/Sozialabgabe (zakat)

Jeder Muslim ist dazu verpflichtet, sofern er finanziell dazu in der Lage ist, einen Teil seines Einkommens, Vermögens oder Besitzes für soziale und karitative Einrichtungen zu entrichten. Die Höhe des *zakat* richtet sich nach Vermögen und Besitz. Als Richtwert sollte jeder Wohlhabende einmal im Jahr 2,5 Prozent des Überschusses, der nach Versorgung seiner Familie bleibt, dem Allgemeinwohl spenden. Es handelt sich in den meisten islamischen Staaten um eine freiwillige Sozialabgabe, die auch aus nicht monetären Gaben bestehen kann. Wörtlich heißt *zakat* «Reinheit und Gerechtigkeit» und entspringt dem islamischen Solidaritätsgedanken.

4. Das Fasten (saum)

Jeder Muslim, sofern es ihm Gesundheit und Alter erlauben, sollte im gesamten Fastenmonat Ramadan fasten. Der Ramadan hat eine besondere Bedeutung, denn in diesem Monat empfing Muhammad seine erste Offenbarung und ebenfalls im Ramadan Jahre später besiegte er die ungläubigen Mekkaner. Der Ramadan gilt Muslimen daher als heiliger Monat. Das Fastengebot beginnt mit Anbruch des Tageslichtes und endet mit dem Sonnenuntergang.

Während dieser Zeit sind dem Fastenden Essen, Trinken, Rauchen und Geschlechtsverkehr untersagt. Von der Fastenverpflichtung befreit sind Kleinkinder. Reisende, Kranke, stillende und menstruierende Frauen sind ebenfalls vom Fasten ausgenommen, müssen dies aber später nachholen.

Nach Sonnenuntergang wird das Fasten gebrochen. Der Prophet brach das Fasten *(iftar)* lediglich mit einer Dattel und etwas Milch und rief zur Mäßigung auf. In islamisch geprägten Ländern wirkt sich das Fastengebot im Monat Ramadan deutlich auf das Alltagsleben aus. Tagsüber ruhen fast sämtliche Aktivitäten. Vor allem dann, wenn der Ramadan in die heißen Sommermonate fällt. Der Verzicht des Trinkens ist dann besonders schwierig. Viele Restaurants und Geschäfte bleiben bis Sonnenuntergang geschlossen (oft ist für Nichtmuslime ein Bereich im Restaurant abgetrennt, wo dennoch gegessen werden kann). Das gesamte Geschäftsleben ist nur auf das Notwendigste beschränkt. Erst nach Sonnenuntergang beginnt das geschäftige Leben wieder.

Trotz Aufruf zur Mäßigung, ist das Fastenbrechen oftmals gleichbedeutend mit ausgiebigen und üppigen Mahlzeiten, bei denen die ganze Familie zusammenkommt. Überhaupt ist der Ramadan ein Familienmonat. Im Fernsehen laufen die besten Serien, man besucht sich gegenseitig und bringt zum *iftar* speziell für den Ramadan zubereitete Süßigkeiten mit. An den ersten drei Tagen des nachfolgenden Monats wird das Ende des Ramadan mit dem Fest des Fastenbrechens *(Eid al-fitr)*, das auch das «kleine» Fest genannt wird *(Eid as-saghir)*, begangen. Es ist neben dem Opferfest eines der höchsten islamischen Feste. Da der islamische Kalender ein Mondkalender ist, rücken die islamischen Monate, so auch der Ramadan, jedes Jahr um 11 Tage nach vorne. Die genaue Festlegung von Beginn des Ramadan bzw. des Festes des Fastenbrechens richtet sich nach der örtlichen Sichtung der neuen Mondsichel.

Da während des Ramadan das ganze öffentliche Leben mehr oder weniger brach liegt, empfiehlt es sich, wichtige Geschäftsverhandlungen keinesfalls in diesen Monat zu legen. Eingeschränkte Öffnungszeiten von Behörden und Büros verhindern einen reibungslosen Geschäftsablauf. Andererseits eignet sich der Ramadan hervorragend für den Aufbau und die Pflege sozialer Beziehungen. Einladungen zum *iftar* sind üblich und sollten keinesfalls abgeschlagen werden. Man bringt in der Regel Süßigkeiten als Gastgeschenk zu einem *iftar* mit.

Es ist zudem unbedingt angezeigt, während des Ramadan tagsüber nicht öffentlich bzw. in Anwesenheit eines fastenden Muslim zu essen, zu trinken oder zu rauchen. Übrigens: Ihre muslimischen Geschäftsfreunde freuen sich über eine Grußkarte zu Ramadan. Üblicherweise versendet man Karten zum Fest des Fastenbrechens. Man wünscht sich «Eid Mubarak» (gesegnetes Fest) oder in der moderneren Variante «Happy Eid» (frohes Fest). Engen Geschäftsfreunden, von denen man sicher weiß, dass Ramadan für sie die ursprüngliche religiöse Bedeutung bewahrt hat, kann man auch zu Beginn des Ramadan einen gesegneten Ramadan wünschen («Ramadan Karim»).

5. Die Pilgerfahrt (hajj)

Jeder Muslim, der gesundheitlich und finanziell in der Lage ist, sollte einmal in seinem Leben nach Mekka pilgern, dorthin, wo der Islam seinen Ursprung nahm. Der Besuch der heiligen Stätten Mekka und Medina sowie die Teilnahme an allen zugehörigen Wallfahrtszeremonien stellt für Muslime den Höhepunkt ihres Lebens dar. Die Pilgerreise wird traditionell im Monat Dhu-l-Hijja, dem letzten des islamischen Kalenders, durchgeführt.

Bereits in der Nacht zum 27. Ramadan, der sogenannten Nacht der Bestimmung *(lailat al-qadr)*, in der Muhammad seine erste Offenbarung empfing, beginnen die Pilger traditionsgemäß mit den Vorbereitungen. Die Pilgerfahrt besteht aus einer Abfolge festgelegter Rituale.

Am zehnten Tag des Pilgermonats findet in Mina (bei Mekka) das Opferfest *(Eid al-adha)* statt, das auch das «große» Fest *(Eid al-kabir)* genannt wird. Es wird zur gleichen Zeit von Muslimen in aller Welt begangen und dient dem Gedenken an das Opfer Abrahams. Hierzu schlachten Muslime ein Tier (meist ein Schaf). Ein Drittel des Fleisches wird an Bedürftige gespendet, ein Drittel an die Nachbarschaft/Verwandten verteilt und ein Drittel im Kreise der Familie verzehrt. Es ist neben dem Fest des Fastenbrechens das höchste islamische Fest. Nach der Rückkehr tragen die Pilger die Ehrenbezeichnung *hajj(i)* (m.)/*hajja* (w.).

Trotz des Verbotes der Heiligenverehrung infolge des monotheistischen Gebotes des Islam ist es in vielen islamisch geprägten Ländern, vor allem im Maghreb, üblich, Heilige und deren Gräber zu verehren. Die Heiligenverehrung ist Teil der islamischen Volksfrömmigkeit. Den Heiligen *(marabouts)* kommt eine hohe religiöse und spirituelle Funktion im Alltagsleben der Gläubigen zu, sie haben die *baraka* = Gottes Segen. Die ehemaligen Wirkstätten und

Gräber der Heiligen *(zawiya)* haben die Funktion von Pilgerstätten. Vor allem bei ärmeren Bevölkerungsschichten, die sich die kostspielige Pilgerreise nach Mekka nicht leisten können, gilt die Pilgerreise zu lokalen Heiligtümern als Ersatz.

Der Respekt vor dem Islam und seinen Handlungsmaximen verschafft ein vertrauensbildendes Klima und sollte auch im Business nicht unterschätzt werden. Auch wenn die Ausübung der Religion individuell verschieden sein kann, ist es hilfreich, die Grundlagen des Islam zu kennen. Es versteht sich von selbst, einige Don'ts im Umgang mit Muslimen zu beachten: Beleidigungen des Islam, seines Propheten Muhammad und des Koran sowie verständnislose oder negative Kommentare sollten tabu sein. Auch ein Bekenntnis zum Atheismus ist problematisch, da es in der Regel auf Unverständnis stößt. Zu den Speisevorschriften im Islam siehe das Kapitel über die Gastfreundschaft (ab Seite 157).

> Die tatsächliche Festlegung der Kalenderdaten richtet sich bei islamischen Festen stets nach der örtlichen Mondbeobachtung. Daher ergeben sich in den einzelnen Ländern Verschiebungen um einen oder mehrere Tage. Da nach islamischem Kalender der Tag mit Sonnenuntergang beginnt, finden die eigentlichen Feiern oft am Vorabend des gregorianischen Kalenders statt. Genaue Informationen hierzu finden sich auch im Internet.

Weitere islamische Feiertage

- *Lailat al-Qadr – Die Nacht der Bestimmung:* In dieser Nacht zum 27. Ramadan hat der Prophet Muhammad seine erste Offenbarung erhalten. Zum Gedenken daran werden Gebete der Gläubigen besonders erhört. Es ist kein offizieller Feiertag, aber im Verständnis vieler Muslime eine besonders geheiligte Nacht.
- *Lailat al-Isra' wa-l-Miraj – Die Nacht der Nachtreise und Himmelfahrt des Propheten:* Am 27. Rajab wird der Nachtreise *(isra')* und Himmelfahrt *(miraj)* des Propheten gedacht, an dem er der Überlieferung nach von einer geflügelten Schimmelstute, Buraq,

von Mekka nach Jerusalem getragen und von dort aus auf einer Leiter in den siebten Himmel gelangte. Kein öffentlicher Feiertag.

- *Lailat al-Bara'at – Die Nacht der Sündenvergebung:* In der Nacht zum 15. Scha'ban wird die «Nacht der Sündenvergebung» begangen. Nach islamischem Verständnis steigt Allah zum untersten Himmel herab, um von dort aus den Menschen die Sünden zu vergeben. Diese Nacht wird mit besonderen Gebeten verbracht. Kein öffentlicher Feiertag.
- *Maulid an-Nabbi – Der Geburtstag des Propheten:* Der Geburtstag des Propheten Muhammad wird von den Sunniten auf den 12. Rabi' I., von den Schiiten auf den 17. Rabi' I. datiert. Dieser Tag wird vor allem von Mystikern mit Lobpreisungen des Propheten und Koranrezitationen zelebriert. Die Verehrung des Propheten nimmt in der Volksfrömmigkeit einen großen Stellenwert ein. Daneben gibt es in islamischen Ländern auch lokale Festtage, an denen der Geburt oder des Todes lokaler Heiliger gedacht wird. Diese Praxis ist vor allem im Maghreb weit verbreitet.
- *Das islamische Neujahrsfest* wird am ersten Tag des islamischen Monats Muharram gefeiert, ist aber streng genommen kein islamisches Fest. Meist wird es als besinnlicher Tag begangen, an dem viele Muslime in die Moschee gehen und Verwandte besuchen. An diesem Tag wird auch der Hijra gedacht, die auf diesen Tag datiert wird.
- *Aschura:* Am 10. Muharram, dem Todestag des dritten schiitischen Imam Hussain, feiern die Schiiten das Aschura-Fest mit Prozessionen und Passionsspielen in Gedenken an seinen Märtyrertod im Jahre 680 n. Chr. bei Kerbela.

Zu den meisten religiösen Zeremonien bleiben Muslime gerne unter sich. Nichtmuslime sind jedoch herzlich zu den anschließenden Geselligkeiten, wie im Ramadan dem *iftar,* eingeladen. In jedem Fall sollte man eine entsprechende Einladung abwarten.

Wie bereits in Kapitel 2 erwähnt, prägt der Islam durch seine Wirtschaftsethik auch das Geschäftsleben. Eine wichtige Bestimmung ist neben den oben erwähnten Prinzipien des gerechten Handels auch das sogenannte Wucher- beziehungsweise Zinsverbot (arabisch: *riba*). Auf diesem Prinzip basiert das islamische Bankwesen, das nicht nur im arabischen Raum immer mehr an Bedeutung gewinnt.

Einige Rechtsgelehrte gehen davon aus, dass nur unverhältnismäßige Zinsen, also Wucher, verboten seien. Die Mehrheitsmeinung islamischer Rechtsgelehrter lehnt jedoch Zins in jeglicher Art ab. Islamische Banken bieten unterschiedliche Formen zinsfreier Finanzierungsgeschäfte an, bei denen die Gewinn- und Verlustchancen von Kunde und Bank gemeinsam getragen werden.

Statt einer festen Verzinsung erhalten die islamischen Banken eine Gewinnbeteiligung unter Beteiligung am finanziellen Risiko. Es gibt unterschiedliche Vertragsformen, die zwischen Kunde und Bank getroffen werden.

Die gängigsten Vertragsformen des Islamic Banking sind *mudaraba*, *musharaka* oder *murabaha*.

Bei der *mudaraba* handelt es sich um eine Beteiligungsfinanzierung ähnlich einer stillen Gesellschaft. Ein Investitionsvorhaben wird von einem Kapitalgeber (Bank) finanziert, der an dem Gewinn beziehungsweise Verlust beteiligt ist. Die *musharaka* ist eine Beteiligungsfinanzierung durch Beteiligung auf Zeit («venture capital»). Die meisten islamischen Finanzierungsgeschäfte erfolgen im Rahmen der *murabaha*, einer Handelsfinanzierung («mark-up sale»). Hierbei kauft die Bank die vom Kunden benötigten Güter und verkauft sie diesem mit Gewinn weiter. Die Bank fungiert hier als «Zwischenhändler».

Zum Scharia-konformen Banking gehört auch, keine Investitionen oder Geschäfte mit vom Islam verbotenen Gütern zu machen (zum Beispiel Alkohol oder Schweinefleisch). Über die Scharia-konformen Finanzaktivitäten wachen in den Banken religiöse Beiräte. Islamic Banking steht grundsätzlich auch Nichtmuslimen offen.

Exkurs: Als Geschäftsfrau im arabischen Raum

«Kann man denn im arabischen Raum als Frau Geschäfte machen? Wird man als Geschäftspartner ernst genommen?», diese Frage höre ich sehr oft in meinen Seminaren. Realität, Lebenswelten und -entwürfe von Frauen im arabischen Raum sind sehr facettenreich und unterscheiden sich je nach Region, sozialer Zugehörigkeit, Familie, Biografie, Charakter, Einstellungen und vielen anderen Faktoren mehr, und das auch noch fernab aller Klischees.

Das Spektrum geht von der Analphabetin in Goulmima (Marokko), die nur das Nachbardorf kennt, aber zu Hause das Geld des Mannes verwaltet, über die Studentin in Kairo, die von ihren Brüdern argwöhnisch beäugt wird bis hin zur Rechtsanwältin in Amman, die in einer der unzähligen Frauenvereinigungen für die soziale und rechtliche Gleichberechtigung der Frauen eintritt. Da ist die Frau, die sich aus eigener Überzeugung und gegen den Willen der Eltern entscheidet, das Kopftuch zu tragen.

Da ist die Frau, die das Kopftuch ablehnt. Da ist die leitende Managerin aus Kuwait, die im Office ihren «Mann steht», da ist die Pilotin in Saudi-Arabien, die trotz des dortigen Autofahrverbots für Frauen als erste ihrer Spezies den Pilotenschein gemacht hat. Da ist die Lehrerin in Tunis, die ihre drei Kinder alleine durchbringt, da ist die Tochter, die zwangsverheiratet wird. Da sind die Hausfrau und die Filmemacherin, die über ebendiese einen Film macht. Und da ist die Bankerin in Abu Dhabi, die sich gerade anschickt, eine Bank zu gründen. Die Resistenz traditioneller Familienstrukturen, in denen eine traditionelle Aufgabenteilung herrscht, die der Frau ihren Wirkungsbereich ausschließlich in den häuslichen Bereich konzidiert und patriarchale Strukturen dominieren, existiert parallel zu modernen Lebensmodellen (dabei ist nicht automatisch westlich mit modern gleichzusetzen!), in denen ein partnerschaftliches Miteinander dominiert.

Konferenzen mit klangvollen Namen wie «Women as Global Leaders» und Talkshows im arabischen Fernsehen über die Rolle der Frau von heute haben Hochkonjunktur in der arabischen Welt und beschreiben zweifelsohne einen Trend. Immer mehr arabische Frauen sind in der Öffentlichkeit präsent, hochqualifiziert und in die Arbeitswelt integriert. Vielerorts beschränkt sich dieser Trend nicht mehr nur auf die Mittel- und Oberschicht. Die Zahl der Hochschulabsolventinnen hat sich in den letzten Jahren um ein Vielfaches gesteigert, man findet Frauen in nahezu allen Berufszweigen und immer mehr Frauen bekleiden Führungspositionen in Politik und zunehmend auch der Wirtschaft.

Die erste Wirtschaftsministerin der Vereinigten Arabischen Emirate, Shaikha Lubna bint Khaled Al-Qassimi, oder Königin Rania von Jordanien, sie stehen neben vielen anderen als Patinnen für diese Entwicklung – die, wie es der Name sagt, eben eine Entwicklung ist, keineswegs ein abgeschlossenes fait accompli, wie überall auf der Welt auch. Viele dieser Frauen aus unterschiedlichsten sozialen Zusammenhängen sehen sich als Agenten des gesellschaftlichen Wandels.

«Frauen spielen eine lebendige wirtschaftliche Rolle in jedem Land der Welt, auch in den Emiraten, die Nationen wie die unsrige vorwärts bringt. Sie sind *change agents*. Das sind die Frauen, die studieren, um ihre Universitätsdiplome zu bekommen, die die ersten aus ihrer Familie sind, die außerhalb des eigenen Zuhauses arbeiten. Sie erziehen die nächste Generation arabischer Entscheidungsträger. Diese Frauen – ob Ärztinnen oder Hausfrauen – stehen an der Front unserer Gesellschaft im Wandel. Sie zeigen, dass Frauen eine Stimme haben, eine einzigartige Perspektive und eine Schlüsselrolle in der gesellschaftlichen und wirtschaftlichen Entwicklung der arabischen Welt.»
(I. E. Shaikha Lubna bint Khaled Al-Qassimi, Wirtschaftsministerin der VAE)

Zurück zu unserer Frage: Ja, man kann als europäische Geschäftsfrau im arabischen Raum bestens zurechtkommen. Zum einen, weil inzwischen viele Frauen im arabischen Raum in verantwortlichen Positionen arbeiten und man sich zunehmend an die Damen im Business gewöhnt hat, zum anderen, weil man als europäische Geschäftsfrau sowieso außerhalb des lokalen Sozialgefüges steht und in der Regel mit einem anderen Maß gemessen wird.

In jedem Fall schaffen aber fachliche Kompetenz, Qualifikation, akademischer Titel, Status, Position und vor allem Kenntnis der arabischen Kultur und ihrer Verhaltensregeln zusätzlichen Respekt. Im Prinzip gelten für Geschäftsfrauen ähnliche Spielregeln wie für ihre männlichen Kollegen, mit den Einschränkungen, denen man als Frau überall auf der Welt mehr oder weniger nach wie vor begegnet.

Dennoch ist es ratsam, einige Verhaltensweisen zu berücksichtigen, vor allem dann, wenn man in einem eher religiös-traditionell geprägten Umfeld agiert. Grundsätzlich empfiehlt es sich, gegengeschlechtliche Distanz zu wahren. Ein freundliches, höfliches und zugewandtes aber körperdistanziertes Auftreten sowie entsprechend korrekte dezente Kleidung sind in jedem Fall ratsam und werden mit Respekt belohnt. Auch für Geschäftsfrauen ist es wichtig, eine Beziehungsebene zu dem arabischen Geschäftspartner aufzubauen, allerdings auch hier unter Wahrung der gegengeschlechtlichen Distanz. Der Small Talk fällt hier meist eher sachbezogen aus, kulturelle Themen bieten sich bestens an.

Als unverheiratete Geschäftsfrau sollte man insbesondere auf die gegengeschlechtliche Distanz achten und betonen, dass man in seine Familie integriert ist. Das zeigt moralische Integrität und diese wiederum verschafft Respekt und Ansehen. Als verheiratete Frau und im günstigsten Fall Mutter genießt man im arabischen Raum als Geschäftsfrau zusätzlich Respekt. Infolge des Senioritätsprinzips im arabischen Raum haben es ältere Frauen oftmals leichter, als Respektpersonen und Entscheidungsträger von ihren männlichen Partnern ernst genommen und respektiert zu werden. Fehlendes Alter kann man aber auch mit korrektem Verhalten, fachlicher und sozialer Kompetenz sowie Status und Position ausgleichen. Ein akademischer Doktortitel etwa kann da mächtig helfen. Übrigens lehnt die

Scharia die Erwerbstätigkeit von Frauen nicht prinzipiell ab und gesteht ihnen die volle Geschäftsfähigkeit und alleinige Verfügungsgewalt über ihr Vermögen zu. Allein in Saudi-Arabien sind 40 Prozent des Kapitals in den Händen von Frauen.

Im eher seltenen Falle mangelnder Statusakzeptanz kann männliche Protektion helfen. Und das ist nichts Entwürdigendes. Im Gegenteil. So wie die Entsendung eines jungen Mitarbeiters ohne Handlungsvollmacht durch die Initiation des Vorgesetzten aufgewertet werden kann («Ich schicke Ihnen in meinem Auftrag Herrn Müller, er wird diese Aufgaben in meinem Namen ausführen.»), kann das auch bei Mitarbeiterinnen erfolgen. Hierdurch aufgewertet kann man sein Handlungspotenzial dann voll ausschöpfen. In den meisten Fällen genießt man als Geschäftsfrau im arabischen Raum Schutz, Gastfreundschaft und viel Respekt. Und man wird als gleichberechtigter Geschäftspartner geschätzt und akzeptiert.

Lästiger Taxifahrer?

Frauen steigen im arabischen Raum stets hinten in das Taxi ein. Das schützt vor möglichen Belästigungen und signalisiert, dass man die Spielregeln kennt. In jedem Fall sollte man freundliche Distanz wahren. Ein allzu offenes Verhalten kann missverstanden werden. Auch in öffentlichen Verkehrsmitteln sollte man als Frau vermeiden, sich neben einen fremden Mann zu setzen.

11. Tafaddalu – Zu Gast bei arabischen Geschäftspartnern

Gastfreundschaft – eine alte arabische Tugend

«Tafaddalu – Please, try these dates!», der syrische Geschäftspartner bietet seinem deutschen Gast stolz ein paar Datteln aus seinem Garten an. Der deutsche Geschäftsmann lehnt dankend ab, er mag keine Datteln. Beharrlich wiederholt der arabische Geschäftspartner freundlich sein Angebot – und das mehrfach. Der deutsche Gast lehnt zunehmend irritiert ab. Schließlich hat er doch bereits signalisiert, dass er nichts möchte.

Die arabische Gastfreundschaft ist nicht nur sprichwörtlich, sie ist auch ein fester Bestandteil der arabischen Geschäftskultur. Gastfreundschaft abzulehnen ist ein Affront und kann die Geschäftsbeziehungen belasten. «Nur der Geizige weist den Freizügigen zurück», lautet nicht umsonst ein arabisches Sprichwort.

Großzügigkeit ist nicht nur eine arabische Tugend, sie ist im arabischen Raum auch ein Prüfstein für Geschäftsbeziehungen. Wer das Spiel vom Geben und Nehmen nicht beherrscht, der ist schnell draußen, gilt als geizig. Da kann schon ein abgelehnter Kaffee einen schlechten Eindruck machen. Denn: Nehmen heißt auch Wiedergeben, irgendwann einmal. Gegenseitigkeit, so lautet das Gesetz der arabischen Gastfreundschaft.

> «O Du mein Gast, der Du gekommen bist, uns zu besuchen und unser Zelt zu ehren! Wahrlich, ich sage Dir: Die Gäste sind eigentlich wir und Du der Herr des Zeltes.» (Arabisches Sprichwort)

Fragt man einen Araber, was denn eine typisch arabische Tugend sei, so nennt er meist ohne zu zögern an erster Stelle: Gastfreundschaft *(dhiyafa)*, und das von Marokko über Syrien bis Jemen.

Meist nimmt der Sprecher dann eine aufrechte und stolze Haltung an, bekommt einen verklärten Blick und erzählt dann strahlend die Geschichte von Hatim at-Ta'i. Hatim at-Ta'i war ein Beduine aus dem südarabischen Stamm der Ta'i und lebte in der vorislamischen Zeit, der *jahiliya*. Berühmt wurde der Beduine und Dichter durch seine unermessliche Gastfreundschaft und Freigebigkeit. So wird nach einer Variante der Legende berichtet, dass ihn eines Tages eine Gruppe von Beduinen auf der Reise um Unterkunft bat. Obwohl Hatim kein einziges Schaf mehr besaß, gewährte er ihnen dennoch seine Gastfreundschaft.

Mit einladender und freundlicher Geste bat er die fremden Gäste in sein Zelt einzutreten und hieß sie als seine Gäste auf das Herzlichste willkommen. Da er aber kein Schaf mehr hatte, das er für seine Gäste hätte schlachten können, schlachtete er das Einzige und Kostbarste, was ihm noch geblieben war: sein Kamel. Als die Speise den Gästen aufgetragen wurde, löschte er das Licht, um sicher zu gehen, dass seine Gäste nicht sahen, dass er selbst nichts aß. Nur so konnte er sicher gehen, dass seine Gäste auch vollkommen gesättigt wurden! Hatim ist wohl der bekannteste Gastgeber der arabischen Welt und avancierte zum Inbegriff der selbstlosen Gastfreundschaft in dieser Region. Und diese gilt natürlich auch für die nichtarabischen Bevölkerungsteile der arabischen Welt, wie der Berber/Imazighen, Kurden, Armenier, Assyrer, Turkmenen, um nur einige zu nennen.

Unter den schwierigen Lebensbedingungen der Wüste galt das Gastrecht immer schon als heilig, einen fremden Reisenden als Gast aufzunehmen als vornehme Pflicht und Ehre. Die arabische Gastfreundschaft hat eine uralte beduinische Tradition und ist tief in den arabischen Gesellschaften verwurzelt. Sie ist als Teil des vorislamischen beduinischen Sittenkodex *(muruwwa)* eine der nobelsten Tugenden. Bis heute.

In Ägypten beispielsweise werden Sie als Gast mit Sicherheit den Ausdruck zu hören bekommen: «*mitnawwar baitna* – Du erleuchtest unser Haus», gefolgt von einem großzügigen: «*baitna baitkum* – unser Haus ist euer Haus» – und das ist sprichwörtlich auch so gemeint. Der Gast macht dem Gastgeber alle Ehre und so wird ein guter Gastgeber auch alles Erdenkliche daran setzen, sich dieser Ehre als würdig zu erweisen. Bei den syrischen Christen gibt es das Sprichwort: «Der Gast ist ein Heiliger, wenn er sich bei dir wohl fühlt, segnet er dein Haus.»

Auch der Koran enthält an vielen Stellen Aufforderungen zur Gastfreundschaft.

Daher gilt die Devise: nur das Beste für den Gast. Oft stürzt sich der Gastgeber in Unkosten, um dem Gast Fleisch zu servieren, das immer noch sehr kostbar und teuer im arabischen Raum ist. Wie oft habe ich es selbst erlebt, dass für mich das beste Stück Fleisch reserviert wurde, wobei der Rest der gastgebenden Familie bei Hülsenfrüchten und Brot saß. So auch bei einem Besuch der sogenannten Müllmenschen von Kairo, den *zabbalin*, die unter den ärmlichsten Verhältnissen in den Muqattambergen bei Kairo leben. Ich war damals im Rahmen von Recherchen dort, Misstrauen, Vorurteile und Angst im Gepäck (was, wenn sie mir meine Kamera stehlen …). Die mir in den dortigen Wellblechhütten gewährte Gastfreundschaft war so überwältigend und großartig, dass ich sehr beeindruckt und ebenso beschämt war.

«Hammelaugen!?» Oh Gott, was mache ich, wenn man mir Hammelaugen anbietet? Denken Sie daran, man bietet Ihnen als Ehre das Beste an, was man hat. Nehmen Sie in jedem Fall an, auch wenn Sie nur ein kleines Stückchen essen und es dann mit viel Wasser dezent herunterspülen. Denn was zählt, ist die Geste des Annehmens. In ganz verzwickten Situationen hilft auch ein mit großem Bedauern geäußerter Verweis auf eine entsprechende Allergie …

Denken Sie daran, auch hier geht es darum, das Gesicht nicht zu verlieren. Aber zu Ihrer Beruhigung: Diese Geschichte mit den Hammelaugen fußt wohl eher auf einer Anekdote. So soll ein europäischer Diplomat einmal Hammelaugen gezeigt bekommen haben, damit er sich von der Frische des ihm angebotenen Fleisches überzeugen konnte. Er dachte, man biete ihm die Augen zum Essen an und aß sie aus purer Höflichkeit. Der arabische Gastgeber wunderte sich über den seltsamen Geschmack des Europäers und dachte, dies sei in Europa eine Delikatesse. Seither kredenzte er seinen europäischen Gästen Hammelaugen ... Wahr oder unwahr. *Allahu a'lam.* So viel aber zu interkulturellen Missverständnissen der besonderen Art.

Die Gastfreundschaft ist mehr als nur eine Nettigkeit oder eine Gefälligkeit, sie ist in der arabischen Welt bis heute eine zentrale soziale Institution, ohne die eine Beziehung zwischen Menschen – und auch Geschäftspartnern – undenkbar ist. Das Gebot der Gastfreundschaft zeigt sich im arabischen Raum schon im Kleinen: Kein Meeting ohne Kaffee oder Tee. Letzterer bitte mit viel Zucker. Denn Tee ohne Zucker ist wie eine Blume ohne Duft.

Nichts geht ohne Gastfreundschaft
Gastfreundschaft stärkt die Beziehungsebene zu Ihrem arabischen Geschäftspartner und ist eine wichtige Investition in Ihren geschäftlichen Erfolg.

«Please, after you» – Gast und Gastgeber

Möglicherweise haben Sie so eine Szene schon einmal gesehen: Da steuern Gast und Gastgeber, beide Araber, auf eine Tür zu. Der Gastgeber wird nun höflich mit ausladender Geste dem Gast bedeuten, als erster durch die Tür zu gehen. Hartnäckig wird sich der arabische Gast allerdings weigern, schließlich ist auch er höflich. Das Hin und Her an der Türe kann sich dann schon eine ganze Weile hinziehen, wobei jeder versucht, den anderen freundlich durch die Tür zu schieben. Meist löst sich dieses Problem ganz einfach dadurch, weil die Türe nicht so lange blockiert werden kann.

Im arabischen Raum sind die Rollen von Gast und Gastgeber genau definiert. Der Gastgeber verpflichtete sich bereits zu beduinischen Zeiten durch die Aufnahme des Gastes, ihn auch zu schützen. Der Schutz des Gastes ist ein vornehmer Teil der Gastfreundschaft, ungeachtet welcher Herkunft der Gast auch sei. Erst nach drei Tagen wurde der Fremde nach seinem Weg und seiner Absicht gefragt. Wilfried Thesiger bemerkt hierzu: «Sie waren Bedu, und ich war es nicht, sie waren Mohammedaner, und ich war Christ. Dennoch war ich für sie ihr Gefährte, unlösbar mit ihnen verbunden durch ein Band, so heilig wie das zwischen Gastgeber und Gast und stärker als alle Stammes- und Familienbande. Als ihre Weggefährten würden sie mich sogar gegen ihre eigenen Brüder mit der Waffe verteidigen, und das gleiche erwarteten sie auch von mir.»

Das Prinzip der Gastfreundschaft hat in der Vergangenheit schon so manchem, der es clever einzusetzen wusste, das Leben gerettet. So lautet eine Geschichte aus der Zeit des Abbasidenkalifen Harun ar-Rashid: Ein Gefangener am Hofe des ehrwürdigen Kalifen von Bagdad bat kurz vor seiner Hinrichtung um einen Schluck Wasser. Als der Herrscher ihm die Bitte gewährte, da rief er: «O Beherrscher der Gläubigen. Einst war ich Dein Gefangener. Nun aber, da Du mir Gastrecht gewährt hast, bin ich Dein Gast. Willst Du, dass man erzählt, der Beherrscher der Gläubigen habe seinen Gast umgebracht?» Da wurde er begnadigt und freigelassen.

Auch wenn es heute meist nicht mehr um solch existenzielle Dinge geht, so ist das Prinzip geblieben: Das Wohlergehen und der Schutz des Gastes sind dem Gastgeber eine heilige Pflicht. Das bedeutet aber gleichzeitig auch eine Art Entmündigung des Gastes, dessen Rolle mit passiv noch deutlich euphemistisch beschrieben wäre. Rafik Schami hat dafür einen wunderbaren Ausdruck gefunden: Der Gast ist wie ein vornehmer Gefangener: «(…) Der Schützling wird entmündigt, hat nicht zu protestieren, nichts zu wünschen und keine eigene Regung zu äußern.»

Eine sehr charmante Gefangenschaft freilich, aber in der Tat fällt es schwer. Da wird für einen geplant, gemacht und getan, ungeachtet dessen, ob es in den eigenen Terminkalender passt oder nicht. Gerade Geschäftsleute aus dem deutschsprachigen Raum, die es gewohnt sind, das Zepter in der Hand zu halten, haben Schwierigkeiten, sich diesem Interaktionsschema zu fügen. Sie fühlen sich in dieser passiven Rolle mehr als unwohl. Da wird ein Meeting ohne ihr Einverständnis verschoben, da kommen unerwartet weitere Gesprächspartner des arabischen Partners dazu, da wird einfach ein Sightseeing-Programm durchgeführt ohne Rücksprache. Alles zum Besten des Gastes. Und genau so ist es in der Tat auch gemeint.

Man tut also gut daran, sich dieser Rolle für die Zeit des Aufenthaltes im Gastland zu fügen. Damit macht man dem Gastgeber alle Ehre und respektiert seine Rolle als Gastgeber. Und, bei einem Gegenbesuch ist man dann selbst gefordert, die Rolle des Gastgebers zu übernehmen. Das ist manchmal leichter gesagt als getan, denn viele Araber bestehen auch bei ihrem Gegenbesuch in Europa auf einer Rolle als Gastgeber. Hier ist es dann unbedingt erforderlich, sich sehr höflich, aber dezidiert durchzusetzen und seine aktive Rolle als Gastgeber auch auszufüllen. Was aber gehört zu den Aufgaben eines guten Gastgebers? Er kümmert sich um alle Belange seines Gastes während des Aufenthaltes. Das bedeutet in der Regel eine Rund-um-Betreuung von A bis Z. Man wird als Gast vom Flughafen abgeholt (der Gastgeber schickt hierzu meist einen Fahrer, Assistenten oder Mitarbeiter, je nach gesellschaftlicher Stellung), ins Hotel begleitet und hat meist immer einen Ansprechpartner, der einem bestenfalls jeden Wunsch von den Augen abliest.

> **Tipp:**
> Geschmäcker sind individuell verschieden. Dennoch: Die meisten Araber bevorzugen große international renommierte Hotelketten. Das kleine Design-Hotel oder der gemütliche Gasthof stehen nicht auf der Toplist. Am besten mehrere Optionen anbieten.

Ein guter Gastgeber erweist sich als großzügig. Denn «Geiz» ist in punkto Gastfreundschaft im arabischen Raum keineswegs «geil».

Geiz ist verpönt und wirft denjenigen und sein Geschäftsvorhaben in ein schlechtes und wenig vertrauenswürdiges Licht. Auch im Koran wird Geiz getadelt: «Er (Allah, Anm. d. Verf.) liebt diejenigen nicht, die geizig sind und den Leuten gebieten, geizig zu sein (...)» (Sure 4, Vers 36,37). Der Gastgeber lädt den Gast bei allen Gelegenheiten ein. Ausnahme: Wenn der Gast eine Einladung in ein Restaurant ausspricht, ist er der Gastgeber und sollte darauf bestehen zu zahlen. Hier gilt die Regel: Wer die Einladung ausspricht, der zahlt. Übrigens, wenn der Gast aufhört zu essen, sollte der aufmerksame Gastgeber ebenfalls aufhören zu essen. Daher sollte man als Gast nicht allzu schnell essen, um dem Gastgeber die Möglichkeit zu geben, satt zu werden.

Über die Kosten der Reise und deren Aufteilung sollte möglichst vor Reiseantritt Klarheit bestehen. In der Praxis wird es oft so gehandhabt, dass der Gastgeber die Kosten für Unterbringung, Verpflegung und Programm des Gastes übernimmt, der Gast die Flugkosten zahlt.

Ein guter Gastgeber ist auf spontanen Besuch vorbereitet. Wer von Ihnen bereits das Vergnügen und die Ehre hatte, bei arabischen Gastgebern eingeladen zu sein, der weiß, dass sich die Tische meist vor lauter Köstlichkeiten biegen und dass man auch spontan und unangemeldet vorbeischauen kann. Ganz im Gegensatz zu uns, wo ein Besuch doch besser rechtzeitig im Voraus angekündigt werden sollte, um Irritationen zu vermeiden.

Die meisten arabischen Hausfrauen sind auf diese Imprévus gut vorbereitet und haben immer reichlich im Hause, auch deshalb, weil oftmals mehr Personen als angekündigt erscheinen. Und sollte mal nichts im Hause sein, so macht sich umgehend betriebsame Hektik hinter den Kulissen breit. Jedes anwesende Familienmitglied wird für den Großeinsatz eingespannt, um dem Gast das Bestmögliche zu kredenzen. Da flitzt der kleine Sohn noch schnell um die Ecke, um das Fehlende zu besorgen, während man selbst im Salon bei einem Glas Tee oder arabischem Kaffee sitzt und angeregt mit dem Gastgeber plaudert. Auch wenn Sie also spontan bei einem arabischen Freund vorbeischauen, werden Sie, noch ehe Sie die Schuhe ausgezogen haben, Getränke und kleine Köstlichkeiten serviert bekommen.

Tipp:
Sollten Sie «nur» Kaffee oder Tee angeboten bekommen, so ist das ein freundliches Zeichen, dass Sie doch etwas ungelegen kommen. In so einem Fall trinkt man den Kaffee oder Tee ohne auffällige Eile aus und verlässt den Gastgeber unter dem Vorwand, man habe noch dringende Angelegenheiten zu erledigen, freue sich aber auf ein baldiges Wiedersehen. So haben beide Seiten das Gesicht gewahrt und das Gebot der Gastfreundschaft nicht verletzt.

Noch einmal der Hinweis: Es gilt stets das Prinzip der Reziprozität. Wie Du mir, so ich Dir. Nehmen Sie als Gast Gastfreundschaft an und erweisen Sie sich als Gastgeber großzügig. Es wird sich in jedem Fall für Ihr Geschäftsvorhaben auszahlen, *Insha' Allah*.

Adab – viel mehr als gute Tischmanieren

Am Hofe des Emir Abd ar-Rahman II. (reg. 822–852 n. Chr.) in Cordoba, dem großen Förderer des Geisteslebens, stand ein Name für Eleganz, Mode und gute Tischmanieren: *Ziriyab*. Der Kurde aus Mossul war bereits am Hofe von Bagdad aufgrund seines Raffinements und Feinsinns zu Ruhm und Ehre gelangt, verfügte er doch über ausgezeichnete Manieren, einen funkelnden Esprit und eine faszinierende Unterhaltungsgabe. Er kleidete sich in damals unüblicher Manier je nach Jahreszeit modisch und elegant: leichte, fließende Stoffe im Sommer, Pelzmäntel und -hüte, dem *dernier cri* aus Bagdad, im Winter.

Ein Trendscout der damaligen Zeit mit Nachwirkungen bis heute: Er war es, der die bis heute übliche Speisenfolge von Vorspeise(n) – Hauptspeise(n) – Dessert einführte. Und er war es, der den nach dem Niedergang des römischen Imperiums wieder in Vergessenheit geratenen Spargel – heute zweifelsohne kulinarisches Kulturgut in Europa – in Andalusien wieder hoffähig machte.

Bereits im achten Jahrhundert war Bagdad, die Hauptstadt der Abbasiden, nicht nur politisches, religiöses und kulturelles Zentrum der damaligen islamischen Zivilisation, sondern auch Benchmark in Sachen Lifestyle. Die Bankette der Kalifen waren legendär. Erlesene und exotische Speisen wurden bei Tafelmusik gereicht. Kochen galt als Kunst und gehörte – ähnlich wie heute – als Teil des Bildungsideals zum guten Ton der gebildeten Schichten.

Man erfand neue, raffinierte Speisen und auch das Wettkochen ist keinesfalls eine Erfindung der Fernsehköche von heute. So veranstaltete der Kalif al-Mu'tasim (reg. 833–842 n. Chr.) bereits damals Wettkochen, bei denen die schmackhaftesten Gerichte großzügig prämiert wurden. Das älteste erhaltene Kochbuch wurde im zehnten Jahrhundert von al-Musaffa ibn Sayyar verfasst mit über 400 Rezepten. Und auf gute Tischmanieren wurde größter Wert gelegt. So äußerte sich auch der große islamische Gelehrte und Theologe al-Ghazzali (1058–1111 n. Chr.) in seinem Werk «Über die guten Sitten beim Essen und Trinken» dazu, wie man sich denn bei Tisch korrekt verhalten solle, welche Speisen laut islamischen Speisevorschriften *halal*, das heißt erlaubt, seien und empfahl dem Gastgeber, seinen Gästen die Speisen aufzuschreiben, damit sie einen besseren Überblick behalten. Ein Vorläufer unserer Speisekarte, wer weiß.

Unter dem Oberbegriff *adab* wird der klassische islamische Bildungskanon zusammengefasst. Adab kann vieles bedeuten: gutes Benehmen, feine Bildung, sittlich-moralisches Handeln im religiösen Kontext. Die Nähe zwischen Bildung und Essen kommt auch in der semantischen Bedeutung des arabischen Wortes *adab* zum Ausdruck, so heißt eine abgeleitete Form *aduba ma'duba* auch «ein Bankett veranstalten, ein Festmahl geben». Womit wir wieder bei dem feinsinnigen Tischgespräch wären, das ein jedes Bankett adelt. Der Bedeutungszusammenhang zeigt sich auch darin, dass ein Tischgespräch im Idealfall darin bestand – und bis heute noch besteht –, Gedichte zu rezitieren, Witze zu erzählen oder Anekdoten zum Besten und zur Erheiterung aller zu geben. Etwa von Abu Nuwas (757–815 n. Chr.), dem Dichter am Hofe des Abbasidenkalifen Harun ar-Raschid (reg. 786–809 n. Chr.), der berühmt-berüchtigt für seine Wein- und Liebesgedichte auf Männer war, seltener auf Frauen, oder Goha, den arabischen Till Eulenspiegel.

«Ein höflicher Gast isst und steht auf» – Knigge bei Tisch

Wie das syrische Sprichwort andeutet, gibt es auch in Bezug auf Tischmanieren interkulturelle Unterschiede. Während es bei uns durchaus üblich ist, auch nach dem Essen noch länger am «abgegessenen» Tisch zu sitzen und zu plaudern, verlassen arabische Gäste relativ zügig und für uns abrupt den Tisch. Da hat die arabische Hausfrau oder der arabische Koch stundenlang in der Küche gestanden und die vielen kleinen Gerichte in liebevoller Kleinarbeit zubereitet und dann wird relativ zügig gegessen und noch schneller aufgestanden. Andere Länder – andere Tischsitten. Nachfolgend die wichtigsten Regeln im arabischen Raum:

> **Nafsak helw fi l-akl – Deine Seele ist süß im Essen.**
>
> *(Ägyptisches Sprichwort)*

Ablauf eines traditionellen arabischen Gastmahls

Die arabische Küche ist sehr vielfältig und kennt viele regionale Unterschiede. Der Maghreb ist bekannt für Couscous, in den arabischen Golfstaaten wird dagegen viel Reis verzehrt und die syro-libanesische Küche kennt auch geschroteten Weizengrieß (Bulgur), um nur einige Beispiele zu nennen.

Der Ablauf einer Mahlzeit ähnelt sich jedoch prinzipiell im gesamten arabischen Raum. Findet das Essen zu Hause statt, werden die Gäste zunächst im Salon oder *majlis* empfangen. Das ist der «öffentliche Raum» eines Privathauses. Das arabische Wort *majlis* heißt «Sitz, Sitzplatz, Beisammensein», aber auch «Ratssitzung, Kommission, Kammer (zum Beispiel eines Parlaments)». Es war traditionellerweise der Ort, an dem man (das heißt Männer) zusammen saß, um gemeinsam zu diskutieren, Angelegenheiten zu besprechen oder auch Gericht abzuhalten. Hier werden meist zur Begrüßung Softdrinks, Tee oder Kaffee sowie ein paar kleine Snacks, wie Oliven oder Pistazien, gereicht.

In einem traditionellen Haushalt wird dann ein großes Tischtablett für die Speisen hereingebracht, in modernen Haushalten wechselt man zum Esstisch. In der Regel beginnt ein traditionelles arabisches Essen mit dem Ritual des Händewaschens. In Marokko gibt es die schöne Tradition, dass der jüngste Sohn mit einer Kanne und einem Auffangbecken ausgerüstet, Wasser über die Hände der Gäste gießt. Das Wasser im Auffangbecken ist meist mit betörend duftenden Rosenblättern versetzt.

Danach werden die Vorspeisen serviert. Die Betonung liegt auf dem Plural, denn es handelt sich um unzählige kleine Schüsseln, mit unterschiedlichsten verschiedenen Köstlichkeiten. Ist ein Schüsselchen leer, wird sofort dezent ein neues aufgetragen. Vor allem die syro-libanesische Küche ist bekannt für die Vielfalt und Kunst ihrer Vorspeisen, der *mezze*. Zuerst werden die kalten Vorspeisen serviert, danach die warmen. Aber auch im Maghreb werden Vorspeisen serviert. Wenn auch nicht in dieser Menge, so nicht minder köstlich, wie etwa der marokkanische Möhrensalat mit Orangenblütenwasser oder der tunesische *salata mechouia*. Und Oliven gehören immer dazu. Die arabische Küche liebt die Vielfalt und so bevorzugen ihre Liebhaber die Auswahl. So mancher Araber empfindet es als gewöhnungsbedürftig, nur eine Vorspeise kredenzt zu bekommen.

Sodann folgen die Hauptspeisen – auch hier wieder der Plural – wobei die Vorspeisen in der Regel noch stehen bleiben. Im Maghreb ist es dann Zeit für Tajine, Pastilla, Couscous, Mechoui oder Basiin. Im Mashrek werden beispielsweise große Fleischplatten aufgetragen, mit Kebab und anderen Köstlichkeiten sowie Mansaf, Kebse oder Majbuus, um nur einige Gerichte zu nennen. Der Tisch biegt sich nun vor lauter Schüsselchen und Platten.

Übrigens gilt die Devise: Kein Essen ohne Brot, auch wenn es Couscous, Bulgur oder Reis gibt. Die zentrale Bedeutung von Brot beim Essen drückt sich auch in seinem Namen aus: *aish* und das heißt «Leben». Das Brot dient als Besteck, man bildet eine kleine Schaufel und nimmt damit die Speisen auf.

Den Abschluss bilden Desserts und frisches Obst. Süßigkeiten und süßes Obst haben im arabischen Raum eine besondere Bedeutung, sie versüßen nicht nur die Beziehung zwischen Gast und Gastgeber, sie sind zudem Träger der *baraka*, des göttlichen Segens. Sie dürfen daher bei keinem Festmahl fehlen – wie auch bei religiösen Festen. Vielerorts serviert man gerne Feigen. Sie gelten als Fruchtbarkeitssymbol und fördern zudem die Verdauung.

Die Krönung eines jeden Festmahls ist die Kaffee- oder Teezeremonie, je nach Region. In Marokko trinkt man Minztee *(thé à la menthe/shay bi-na'na')*, der augenzwinkernd auch als marokkanischer Whiskey bezeichnet wird. Grundsubstanzen sind grüner Tee, Zucker und frische Minze. Serviert wird er in kleinen Gläsern, virtuos in hohem Bogen eingeschenkt, damit sich auf der Oberfläche die so typischen Bläschen bilden. Das Glas wird übrigens nie voll eingeschenkt. In Tunesien wird der Minztee mit Pinienkernen angereichert, sie stehen symbolisch für die Wertschätzung des Gastes. In Libyen gibt es den *mikyaata*. Klingt wie Latte Macchiato? Ist es auch. Kaffee mit Milch, ein im arabischen Raum eher ungewöhnliches Erbe der italienischen Kolonialzeit. Im Mashrek wird Kaffee serviert, ob *qahwa sa'ad* (ohne Zucker), *qahwa wassat* (medium süß), *qahwa helwa* (gesüßt) oder in seiner ursprünglichsten Variante, als *qahwa murr* (bitter). *Qahwa murr* wird – nach traditionell beduinischer Art – mit schwarzem Kardamon gewürzt, was ihm den so besonderen Geschmack verleiht. Die richtige Zubereitung von *qahwa murr* oder *shay bi-na'na'* braucht Zeit, sehr viel Zeit. Sie folgt uralten Traditionen und ist in jedem Fall eine Ehre für den Gast.

Wildfried Thesiger beschreibt diesen schönen Brauch der Kaffeezeremonie bei den Beduinen auf der arabischen Halbinsel wie folgt: «Das Kaffeetrinken verlief zeremoniell und durfte nicht hastig absolviert werden. Der Kaffeeausschenker goss im Stehen winzige Mengen in kleine Porzellantassen, die kaum größer waren als ein Eierbecher, und reichte einem jeden von uns unter Verneigung die Tasse. Jedem wurde die volle Tasse so oft gereicht, bis er sie beim Zurückgeben ein wenig schüttelte, was bedeutete, dass er nun genug habe. Es war nicht üblich, mehr als drei Tassen zu trinken.»

Daran hat sich bis heute nichts geändert. Ob Kaffee oder Tee – sie sind fester Bestandteil des arabischen Gastgeberrituals und dürfen bei keiner Begegnung fehlen. Zurück zu unserem Gastmahl. Nach dem Kaffee oder Tee zieht sich der höfliche Gast, wie eingangs bereits erwähnt, zügig zurück. Natürlich nicht, ohne eine Gegeneinladung auszusprechen. Mehrmaliges Auffordern vonseiten des Gastgebers zum Bleiben ist Teil des üblichen Gastgeberrituals, und nicht als tatsächliche Aufforderung zum Bleiben zu betrachten.

In modernen Restaurants gibt es natürlich auch individuelle «Tellergerichte», traditionell isst man aber gemeinsam aus den Schüsseln oder von den Platten, was das kollektive Erlebnis des gemeinsamen Mahls verstärkt.

> **Kein Business Lunch**
> Ein «Arbeitsessen» ist im arabischen Raum unüblich. Man spricht während der Mahlzeit nicht über Geschäftliches.

Mindestens dreimal

Im arabischen Raum gilt es als unhöflich, einer Aufforderung zum Essen (oder allgemein einer Einladung) sofort Folge zu leisten. Vielmehr wird man zunächst höflich ablehnen und sich zieren. Erst nach der dritten Aufforderung wird der arabische Gast zugreifen, um seine gute Erziehung zu zeigen und nicht als gierig zu gelten. Also, Achtung: Wenn Ihr arabischer Geschäftspartner Ihre Einladung zum Essen zunächst höflich ablehnt, heißt das noch lange nicht, dass er der Einladung nicht Folge leisten will. Er möchte vielmehr mindestens dreimal gefragt werden.

Bieten Sie Ihren Gästen auch mindestens dreimal etwas zu trinken oder zu essen an. Sie werden sonst unter Umständen nichts zu sich nehmen und womöglich nur aus lauter arabischer Höflichkeit auf dem Trockenen sitzen. Im arabischen Kontext ist es auch üblich, dem Gast einfach etwas auf den Teller aufzutragen und anzubieten. Eine Geste, die von vielen Nordeuropäern als aufdringlich empfunden wird, im arabischen Raum aber durchaus normal bis erwünscht ist. Diese Benimmregel ist zudem ein probates Mittel, um die Ernsthaftigkeit eines Angebots oder einer Einladung zu prüfen. Da Gastfreundschaft im arabischen Raum eine soziale Verpflichtung ist, kann es durchaus vorkommen, dass eine Einladung nicht wirklich ernst gemeint ist und nur aus formaler Höflichkeit ausgesprochen wird.

Erst, wenn eine Einladung mindestens dreimal ausgesprochen wurde, ist sie auch wirklich ernst gemeint. Für Einladungen gilt darüber hinaus: Sie ist nur dann ernst gemeint, wenn Zeit und Ort konkret vereinbart werden. Einladungen ohne genaue Orts- und Zeitangabe sind in der Regel unverbindliche Freundlichkeit.

Muss man als europäischer Geschäftspartner auch immer alles erst höflich ablehnen? Das kommt ganz auf die Situation an. Bei einer Einladung nach Hause sowie bei der Aufforderung zum Essen ist es sicherlich angebracht. Verabreden Sie sich aber mit einem Geschäftspartner zu einer Besprechung in ein Restaurant oder zu einem sportlichen oder kulturellen Event, können Sie eine Einladung auch direkt annehmen. Entscheidend ist auch der Ton: Ablehnen heißt mitnichten einfach nur «Nein» zu sagen, das wäre sogar unhöflich. Man formuliert indirekt, etwa: «Das wäre doch nicht nötig, das ist doch zu viel Mühe, das ist zu viel der Ehre.»

Noch mehr Etikette

Im arabischen Raum gilt die linke Hand als unrein (sie wird zur Toilettenhygiene gebraucht). Wenn Sie bei einer Familie eingeladen sind, bei der traditionellerweise mit der Hand aus einer gemeinsamen Schüssel gegessen wird, sollten Sie nur die rechte Hand gebrauchen, denn sonst würden Sie das gemeinsame Essen verunreinigen. Für Linkshänder: Sie können einer Vertrauensperson sagen, dass Sie Linkshänder sind und die linke Hand Ihre «reine Hand» ist.

Üblicherweise werden nur drei Finger, der Daumen, Zeige- und Mittelfinger, beim Essen benutzt. Ein maghrebinisches Sprichwort lautet: «Der Teufel isst mit einem Finger, der Gierige mit vier oder fünf.» Isst man aus einer Schüssel, so verteilt der Hausherr als Gastgeber die besten Fleischstücke an die Gäste. Man isst nur von der Stelle, die vor einem steht. Über die Schüssel beziehungsweise den Tisch greifen, gilt als Mangel an gutem Benehmen.

In traditionellen Haushalten ist es üblich, Privaträume ohne Schuhe zu betreten. Lassen Ihre Gastgeber ihre Straßenschuhe an, gilt das natürlich auch für Sie. Ebenfalls äußerst unhöflich ist das Entgegenstrecken der Fußsohlen. Man sollte beim Sitzen also darauf achten. Für Frauen gilt: Das Übereinanderschlagen der Beine beim Sitzen gehört sich nicht (wird aber in der Praxis auch von arabischen Frauen gemacht). Die Frage nach einer Toilette richtet man dezent an gleichgeschlechtliche Personen. Sollte keine gleichgeschlechtliche Person anwesend sein, richtet man diese Frage an die Vertrauensperson. Hier eignet sich die Formulierung «Wo darf ich meine Hände waschen?»

Reste lassen erlaubt

Zweifelsohne: Viel zu essen, macht dem Gastgeber alle Ehre. So lautet auch ein Hadith aus dem Sahih al-Bukhari: «Eine Mahlzeit für zwei Personen reicht aus für drei, und eine Mahlzeit für drei Personen reicht aus für vier.»

Wenn Sie also irgendwann am Rande Ihrer Kapazitäten angelangt sind und nahe dem komatösen Zustand überlegen, wie Sie sich nach all dem vorzüglichen Essen überhaupt noch bewegen können und dem Gastgeber ermattet signalisieren, «ich kann nicht mehr», wundern Sie sich nicht, wenn Sie in ein freundlich-entrüstetes Gesicht blicken, dessen Besitzer Ihnen – nicht ohne Vorwurf – bedeutet: «Aber, Sie haben doch noch gar nichts gegessen!!»

Betonen Sie einfach, wie wunderbar es gemundet hat, wie reichhaltig es war und dass Sie das nächste Mal bestimmt mehr von den Köstlichkeiten essen werden, *Insha' Allah*. Ungläubig, aber innerlich zufrieden, wird Ihr Gegenüber irgendwann aufhören, Sie zum weiteren Essen aufzufordern, denn nun hat er seinem Haus alle Ehre gemacht und Sie fürstlich beköstigt. Keine Sorge, das gehört zum Ritual.

Ebenfalls sollten Sie folgende arabische Sitte beachten: Man lässt immer einen Rest auf dem Teller zurück, das dem Gastgeber signalisiert, dass Sie in seinem Hause satt geworden sind – anders als bei uns, wo es üblich ist, alles bis auf den letzten Rest aufzuessen, sodass man den Teller fast nicht mehr spülen brauchte, nur damit das Wetter am nächsten Tag auch gut wird. Schließlich möchte man ja kein Urheber einer Naturkatastrophe werden.

Über die «Reste» freuen sich übrigens je nach arabischem Haushalt der Rest der Familie, die Hausangestellten, die Nachbarn oder die Bedürftigen. Manchmal genügt es auch, dreimal höflich, aber mit Nachdruck abzulehnen, auch dann weiß Ihr Gegenüber, dass Sie wirklich satt sind und nicht mehr können.

No pork, no alcohol please – islamische Speisevorschriften
Der Islam kennt zahlreiche Speisevorschriften. Auch wenn die Befolgung durchaus individuell gehandhabt wird, so sollte man sie als guter Gastgeber kennen.

Aus dem Koran:
«Verboten hat Er euch nur Fleisch von verendeten Tieren (w. Verendetes), Blut, Schweinefleisch und Fleisch (w. etwas), worüber (beim Schlachten) ein anderes Wesen als Gott angerufen worden ist. Aber wenn einer sich in einer Zwangslage befindet, ohne (von sich aus etwas Verbotenes) zu begehren oder eine Übertretung zu begehen, trifft ihn keine Schuld. Gott ist barmherzig und bereit, zu vergeben.»

(Sure 2, Vers 173)

Schinken, Blutwurst, Gelatine und so weiter sind daher tabu. Das arabische Wort für Schwein, *khinzir,* gilt als schweres Schimpfwort. In Dubai gibt es in großen Supermärkten jedoch sogenannte «Pork-Rooms», in denen mit Rücksicht auf die *Expat's* Schweinefleisch verkauft wird.

Das Fleisch muss nach islamischem Brauch geschächtet sein, nur dann ist es *halal.* Ein Steak sollte immer «ganz durch» gebraten sein, die blutige Variante «englisch» ist verpönt. Bei strenggläubigen Muslimen sollte man bei einer Einladung vorher dezent darauf verweisen, dass das Essen *halal,* das heißt den islamischen Speisevorschriften entspricht und somit erlaubt ist. Ebenso verboten ist der Genuss von Alkohol.

Aus dem Koran:
«Man fragt dich nach dem Wein und dem Losspiel. Sag: In ihnen liegt eine schwere Sünde.» *(Sure 2, Vers 219)*

Der öffentliche Genuss von Alkohol ist in den meisten islamischen Ländern verboten. Hierbei liegt die Betonung auf «öffentlich». Nach dem Motto: «Iss was Dir schmeckt, aber zieh an, was dem Nachbarn gefällt», kann das im privaten Kreis schon ganz anders gehandhabt werden.

Mit Ausnahme von Libyen und Saudi-Arabien ist der Ausschank von Alkohol in den meisten großen Hotels erlaubt. Einige arabische Länder verfügen sogar über eine lange Tradition in der Herstellung von Hochprozentigem, man denke an den tunesischen Feigenschnaps Buucha, den libanesischen Anisschnaps Araq oder die guten Weine aus Marokko, Algerien, Tunesien und dem Libanon. Die Herstellung liegt indes überwiegend in christlichen oder jüdischen Händen.

Abu Nuwas saß bei einem Glas Wein. Da kam der Kalif Harun ar-Rashid vorbei und tadelte ihn: «Abu Nuwas, weißt Du denn nicht, dass Allah den Wein verboten hat?» Da antwortete Abu Nuwas: «O

Auch wenn das Thema Alkohol in der Praxis sehr unterschiedlich gehandhabt wird, sollte man mit dem Anbieten von Alkohol in der Öffentlichkeit zurückhaltend sein und lieber erst in Erfahrung bringen, wie es nun das jeweilige Gegenüber damit hält. Anderenfalls würde man den Geschäftspartner möglicherweise in Verlegenheit bringen. Ansonsten kann man auch mehrere Optionen anbieten, darunter auch Alkohol, und die Wahl dann dem Gast überlassen. Reine Geschmackssache: In Gegenwart eines strenggläubigen Muslim sollte man selbst lieber auf das Glas Wein verzichten. Auch Silberbesteck und -schüsseln sollten dann im Schrank bleiben, denn ein Hadith lautet: «Trinkt nicht aus goldenen und silbernen Gefäßen und esst nicht von goldenen und silbernen Schüsseln, denn andere als ihr haben sie in dieser Welt, ihr aber werdet sie in der kommenden haben.» (Sahih al-Bukhari)

Übrigens nicht nur gläubige Muslime im arabischen Raum beginnen ein Essen mit der Formel *bismillah* (im Namen Gottes), auch Christen sagen: *Allahu maabarik* (Gott segne es).

Geschäftsessen: Im Restaurant oder zu Hause?

Berufliche Einladungen erfolgen heutzutage im arabischen Raum zunächst meist in ein Restaurant oder einen Club. Vor allem dann, wenn es sich um ein erstes Treffen zu Beginn einer Geschäftsanbahnung handelt. Der Einladende ist dabei der Gastgeber und zahlt.

In den arabischen Golfstaaten sowie im Maghreb sind private Einladungen erst nach einem längeren Bekanntsein üblich, und stellen eine besondere Auszeichnung der bestehenden Beziehung dar. Wer eine private Einladung erhält, der gehört zur «ingroup», zur «Familie» im übertragenen Sinne. Private Einladungen sind eine besondere Ehre und sollten daher, natürlich unter Berücksichtigung des höflichen sich Zierens, nicht abgeschlagen werden.

Im übrigen arabischen Raum werden in der Regel deutlich schneller private Einladungen ausgesprochen, natürlich gibt es auch hier einen individuellen Abweichungsradius.

Die Gegeneinladung sollte stets im gleichen Verhältnis erfolgen. Wird man in ein Restaurant eingeladen, lädt man in ein Restaurant ein. Wird man privat eingeladen, sollte auch eine private Einladung folgen. Hat man vor Ort keine Wohnung, gilt die Einladung in ein Restaurant, gefolgt von einer privaten Einladung in das Heimatland. Bevorzugt werden übrigens Restaurants, die ein Buffet anbieten. Viele Araber schätzen die Gelegenheit, unter mehreren Gerichten auswählen zu können. Sushi, Reibekuchen, Saumagen oder andere lokale Spezialitäten stoßen erfahrungsgemäß selten auf Begeisterung. Geschmäcker sind verschieden, dennoch: eine ausgeprägte Experimentierfreude bei nichtarabischen lokalen Spezialitäten habe ich sehr selten erlebt. Auf Nummer sicher geht man mit mediterraner Küche, Fisch und Geflügel, oder eben arabisch. Die meisten Araber essen später zu Abend als Nordeuropäer, Einladungen zum Abendessen ab 21 Uhr sind durchaus üblich. Bei Geschäftsessen mit offiziellem Anstrich, ob im Restaurant oder zu Hause, sind gedruckte Einladungen üblich.

Für deutschsprachige Geschäftsfrauen gilt: Sprechen Sie nur dann eine private Einladung zu sich nach Hause aus, wenn Sie anwesende Familie/Ehepartner/Partner haben oder wenn Sie die gesamte Familie des Geschäftspartners einladen. Die Einladung eines einzelnen oder mehrerer Männer kann, vor allem in konservativ-traditionellen Kreisen, missverstanden werden und Sie in ein schlechtes Licht rücken.

Werden Sie privat eingeladen, vergewissern Sie sich dezent, ob Sie alleine sein werden. Es wäre dann ratsam, noch jemanden mitzubringen. Als Geschäftsfrau wird man eher der Männerwelt zugeordnet und sitzt dann meist auch im *majlis*. Es ist höflich, wenn Sie sich dann nach der Familie erkundigen, meist wird man dann als

Frau den Damen des Hauses vorgestellt. Im Restaurant ist das ganze deutlich unverfänglicher. Natürlich gilt allgemein: Je traditioneller das Umfeld, desto höher die gegengeschlechtliche Distanz. Das gilt auch für die Herren der Schöpfung: Als männlicher Gast werden Sie in einem konservativ-traditionellen Umfeld in der Regel die Damen des Hauses nicht zu Gesicht bekommen.

Wie immer gibt es natürlich auch hier große Unterschiede und es gilt im Vorfeld zu differenzieren. In modern orientierten, kosmopolitischen Familien ist die gegengeschlechtliche Distanz deutlich geringer, ein Geschäftsessen mit jeweiligem Partner/in ist durchaus üblich.

Jeder Gastgeber hört natürlich gerne Lob über das Gastmahl. In Haushalten der arabischen Elite – aus der sich nicht selten Ihre Geschäftspartner rekrutieren werden – wird das Essen in der Regel von den Hausangestellten zubereitet. Man dankt daher den Gastgebern für den schönen Abend und lobt eher beiläufig das wunderbare Essen. Und noch etwas für die private Einladung nach Hause: Hunde als Haustiere sind im arabischen Raum unüblich und sehr selten. Sie werden daher von den meisten arabischen Gästen entsprechend skeptisch beäugt.

Gastgeschenke

Waren Sie schon einmal eingeladen und haben zusätzlich noch ein üppiges Gastgeschenk erhalten? Auch das ist Teil der arabischen Gastfreundschaft und durchaus üblich. Auch hier lautet die Devise: Annehmen und irgendwann erwidern. Im arabischen Raum sind Blumen als Gastgeschenk eher unüblich, man verschenkt sie zu Hochzeiten. Inzwischen gilt es aber mancherorts als chic, aufwendig dekorierte Gestecke zu verschenken. Nach wie vor üblicher bei privaten Einladungen sind Süßigkeiten, auch für Männer, Dekoratives zum Hinstellen, Bildbände oder Kalender über die Heimatregion und Mitbringsel für Kinder.

Sehr willkommen sind Geschenke, die einen persönlichen Bezug zu Ihnen haben, etwas aus Ihrer Heimat, zum Beispiel Nürnberger

Lebkuchen, Meissener Porzellan, Schweizer Schokolade. Lokaler und persönlicher Bezug sind wichtiger als der Preis. Beachten Sie bei den Geschenken stets das Prinzip der Reziprozität. Geschenke werden gerne aufwendig verpackt überreicht.

Und noch etwas: Geschenke werden im arabischen Raum ungeöffnet beiseite gestellt und erst dann ausgepackt, wenn der Gast gegangen ist. Auch hier geht es wieder um Vermeidung von Gesichtsverlust. Überschwänglicher Dank ist selten, schließlich würde er eine normale Geste überbetonen.

Vorsicht bei Bewunderung von schönen Dingen im Hause Ihres arabischen Gastgebers. Es könnte durchaus sein, dass man es Ihnen zum Gastgeschenk macht. So lobte ein deutscher Geschäftsmann im Hause eines libyschen Geschäftspartners ein großes Ölgemälde, auf dem ein Pferd abgebildet war. Beim Verlassen stand im Eingang des Hauses ein großes Paket für den deutschen Gast; Sie ahnen, was drin war...

Zurück zu den Datteln: Auch wenn Sie diese nicht mögen, greifen Sie dankend zu, beißen Sie ein kleines Stück ab, um Ihren *good will* zu zeigen, und legen den Rest unauffällig wieder zurück. Man wird Ihre Geste verstehen und wohlwollend aufnehmen.

Auch wenn Gastfreundschaft im arabischen Raum großgeschrieben wird, so gibt es natürlich individuelle Unterschiede. Es kann durchaus vorkommen, dass insbesondere die jüngere Generation arabischer Geschäftsleute dieser Tugend weniger üppig frönt. Fassen Sie das nicht als Missachtung Ihrer Person auf, sondern als Produkt von Globalisierung und Internationalisierung der Business-Etikette. Sollten Sie aber in den Genuss der arabischen Gastfreundschaft kommen – und das ist sehr wahrscheinlich – so sind Sie nun vorbereitet.

12. Zu guter Letzt

Nobody is perfect! Wenn Ihr Gegenüber Ihr Bemühen um angemessenes Verhalten sieht, dann wird man Ihnen so manchen Fauxpas verzeihen. Niemand erwartet von Ihnen, dass Sie sofort immer alles richtig machen und mit allen Details des «arabischen Knigge» vertraut sind. Umso mehr werden Sie Ihr Gegenüber aber durch korrektes Verhalten beeindrucken und für sich gewinnen. Es geht auch nicht darum, sich um jeden Preis anzupassen.

Das wird von Ihrem arabischen Geschäftspartner nicht erwartet und könnte auch als unehrlich oder als Schauspielerei aufgefasst werden. Respekt vor der arabischen Kultur, Geduld und Flexibilität sind zentrale Erfolgsfaktoren für ein erfolgreiches geschäftliches Engagement im arabischen Raum. Und wenn man das arabische Betriebssystem «IBM» beherrscht, dann hat man schon viel gewonnen:

I (Insha' Allah)	=	So Gott will
B (Bukra)	=	Morgen
M (Malesh)	=	Macht nichts!

Schließlich heißt es auch im Koran: Gott ist mit den Geduldigen!

In diesem Sinne: viel Erfolg!

Interkultureller Kulturstandard-Test
© Dr. Gabi Kratochwil/Dipl.-Psych. Matthieu Kollig 2006

Dieser Test hat zum Ziel, Ihre persönliche kulturelle Orientierung mit der Orientierung einer anderen Person (zum Beispiel eines arabischen Geschäftspartners) in einer konkreten Situation zu vergleichen. Der Vergleich hilft bei der Identifikation potenzieller Schnittmengen beziehungsweise Unterschiede und kann so als Basis für die Entwicklung von situationsspezifischen Handlungsstrategien dienen. Dabei wird eine wesentliche Komponente interkultureller Kompetenz gefördert: die Wahrnehmung kulturgebundener Wert- und Orientierungssysteme (siehe Kapitel 3).

Instruktion
Vergegenwärtigen Sie sich zunächst, mit wem Sie sich vergleichen möchten. Sie könnten sich beispielsweise mit einem arabischen Kollegen, Geschäftspartner, Familienmitglied oder Mitarbeiter vergleichen. Denkbar sind auch Vergleiche mit Teammitgliedern oder Führungskräften. Machen Sie sich dazu Ihre eigene Rolle und die Rolle Ihres Interaktionspartners bewusst.

Beispiele:

Ich	Herr Dr. Ahmadi
Rolle: Ingenieur, Abteilungs-leiter, Vertreter von Funktionschemie Deutschland	Rolle: CEO, Vertreter von Arab Construct
Ich	Herr el-Sawi
Rolle: SAP-Berater	Rolle: Vorgesetzter

Machen Sie sich dann bewusst, in welcher Situation Sie zur Zeit mit dieser Person interagieren. Wenn Sie es mit einem Geschäftspartner zu tun haben, könnte es sein, dass Sie kurz vor einem Vertragsabschluss stehen oder sich gerade zum ersten Mal begegnet sind. Dieser situative Kontext beeinflusst die jeweiligen Orientierungen.

Beispiele:

- Erstbegegnung in VAE, Ziel: Kundengewinnung
- Präsentationsstand auf einer internationalen Messe in Deutschland
- Telefongespräch zu einer Reklamation
- Begegnung auf einem offiziellen Empfang des Forschungsministeriums in Saudi-Arabien
- Einarbeitung von arabischen Vorarbeitern an neuen Maschinen

Nun können Sie mit der Einschätzung der kulturellen Orientierungen beginnen. Dazu stehen Ihnen die Tabellen auf den folgenden Seiten zur Verfügung. Die erste Tabelle dient der Einschätzung Ihrer eigenen Orientierung. Mit Hilfe der zweiten Tabelle können Sie eine andere Person einschätzen. Die Ergebnisse können Sie auf die letzte Tabelle übertragen, um einen Vergleich der Orientierungen vornehmen zu können.

Selbsteinschätzung kultureller Orientierungen
© *Dr. Gabi Kratochwil/Dipl.-Psych. Matthieu Kollig 2006*

Weiter unten können Sie eintragen, in welcher Rolle Sie sich sehen und auf welche Situation Sie die Einschätzung beziehen möchten. Darunter stehen 12 Paare kultureller Orientierungen, die jeweils mit wenigen Stichworten beschrieben sind. Außerdem sind sie mit Seitenhinweisen versehen, sodass Sie Ihre Kenntnisse zu den Orientierungen leicht auffrischen können. Überlegen Sie: Wie stellen Sie sich Ihren idealen Interaktionspartner in der Situation vor? Markieren Sie entsprechend Ihrer Überlegungen eines der Kästchen zwischen den Orientierungspaaren. Je näher Ihr Kreuz an einem der beiden Pole ist, desto höher schätzen Sie die Wichtigkeit der damit verbundenen Orientierung ein.

Beispiel. Dieses Kreuz würde bedeuten: Sachorientierung ist Ihnen in der Situation wichtiger als Beziehungsorientierung, ganz ohne Beziehung geht es Ihrer Meinung nach allerdings auch nicht.

Sachorientiert

Sache vor Person

Logik ☐ ☐ ☒ ☐ ☐ ☐ ☐ ☐ ☐

Objektivierbarkeit

Seite 166 ff.

Beziehungsorientiert

Person vor Sache

Rhetorik/Eloquenz

Subjektivität

Eigene Rolle: _____

Situation: _____

(Wie stellen Sie sich Ihren idealen Interaktionspartner in dieser Situation vor?)

Sachorientiert	**Beziehungsorientiert**
Sache vor Person	Person vor Sache
Logik ☐ ☐ ☐ ☐ ☐ ☐ ☐ ☐ ☐	Rhetorik/Eloquenz
Objektivierbarkeit	Subjektivität
Seite 66 ff.	

Individualistisch	**Kollektivistisch**
Selbstbestimmung	Fremdbestimmung durch die Gruppe
persönliche Meinung ☐ ☐ ☐ ☐ ☐ ☐ ☐ ☐ ☐	Harmonie, Loyalität
unabhängig	abhängig
Seite 71 ff.	

Kommuniziert direkt	**Kommuniziert indirekt**
Fokussieren	Rhetorik, umschreiben
direkt zur Sache ☐ ☐ ☐ ☐ ☐ ☐ ☐ ☐ ☐	das Wichtigste kommt am Schluss
schriftliche,	mündliche, informelle
formalisierte Interaktion	Interaktion
Seite 93 ff.	

Kommuniziert neutral	**Kommuniziert expressiv**
wenig Gesten/Mimik	viel Gesten/Mimik
nacheinander sprechen ☐ ☐ ☐ ☐ ☐ ☐ ☐ ☐ ☐	auch gleichzeitig sprechen
Gefühle werden eher	Gefühle werden eher
nicht gezeigt	gezeigt
Seite 96 ff.	

Schuldorientiert

eigene Überzeugung

Selbstrespekt wahren ☐ ☐ ☐ ☐ ☐ ☐ ☐ ☐ ☐

Recht/Richter

Seite 126 ff.

Schamorientiert

soziale Verpflichtung

Gesicht vor der Gruppe wahren/
Ehrenkodex

Ausgleich/Schlichter

Leistungsorientiert

sozialer Aufstieg durch

Leistung

leistungsbezogen ☐ ☐ ☐ ☐ ☐ ☐ ☐ ☐ ☐

Seite 110 ff.

Statusorientiert

sozialer Status durch

Gruppenzugehörigkeit

bezogen auf soziale Schicht, Alter,
Geschlecht, formale Gesellschaft

Egalitär orientiert

Kooperation

Mitbestimmung ☐ ☐ ☐ ☐ ☐ ☐ ☐ ☐ ☐

eher informeller Umgang
mit Untergebenen

Seite 110 ff.

Hierarchisch orientiert

Direktiven

Loyalität

formeller und distanzierter Umgang
mit Untergebenen

Interne Kontrolle

intrinsische Motivation

☐ ☐ ☐ ☐ ☐ ☐ ☐ ☐ ☐

Regelorientierung

aktiv lernen, kritisch
hinterfragen

Seite 113 ff.

Externe Kontrolle

externe Motivation (Lob, Tadel,

Kontrolle)

Loyalität

reaktiv lernen,

«auswendig lernen»

Trennt Beruf und privat		**Verquickt Beruf und privat**
Bereiche definiert und		Bereiche
abgegrenzt □ □ □ □ □ □ □ □ □		überschneiden sich
«Feierabend»		auch nach «Feierabend» erreichbar
Privates eher außen		Privates wird integriert
Seiten 66 ff., 117 ff., 157 ff.		

Monochron		**Polychron**
chronologische Zeit		Ereigniszeit
langfristige Planung □ □ □ □ □ □ □ □ □		kurzfristige, flexible Planung
eins nach dem anderen		vieles gleichzeitig
Seiten 117 ff., 121 ff.		

Sicherheitsorientiert		**Unsicherheitstolerant**
Strukturen, festgelegte		Flexibilität, reaktiv,
Abläufe □ □ □ □ □ □ □ □ □		situationsbezogene Abläufe
Sicherheit durch		Sicherheit durch Improvisations-
Planungsvermögen, eher		vermögen, eher passiv,
aktiv, selbstbestimmt		vorherbestimmt (Insha' Allah)
Seite 117 ff.		

Individuell religiös		**Kollektiv religiös**
Religion ist individuell □ □ □ □ □ □ □ □ □		Religion ist Gesellschafts-
		ordnung und Wirtschaftsfaktor
Seite 134 ff.		

Fremdeinschätzung kultureller Orientierungen
© *Dr. Gabi Kratochwil/Dipl.-Psych. Matthieu Kollig 2006*

Weiter unten können Sie eintragen, in welcher Rolle Sie die Person sehen, die Sie einschätzen möchten und auf welche Situation Sie die Einschätzung beziehen möchten. Darunter stehen 12 Paare kultureller Orientierungen, die jeweils mit wenigen Stichworten beschrieben sind. Außerdem sind sie mit Seitenhinweisen versehen, sodass Sie Ihre Kenntnisse zu den Orientierungen leicht auffrischen können. Überlegen Sie: Wie schätzen Sie die Orientierung dieser Person in der Situation ein? Markieren Sie entsprechend Ihrer Überlegungen eines der Kästchen zwischen den Orientierungspaaren. Je näher Ihr Kreuz an einem der beiden Pole ist, desto höher schätzen Sie die Wichtigkeit der damit verbundenen Orientierung ein.

Beispiel. Dieses Kreuz würde bedeuten: Sie vermuten, dass Sachorientierung der anderen Person wichtiger ist als Beziehungsorientierung, nehmen jedoch auch an, dass sie die Situation nicht ohne Beziehung meistern möchte.

Sachorientiert		**Beziehungsorientiert**
Sache vor Person		Person vor Sache
Logik □ □ ☒ □ □ □ □ □ □		Rhetorik/Eloquenz
Objektivierbarkeit		Subjektivität

Seite 66 ff.

Rolle der anderen Person: _____

Situation: _____

(Wie schätzen Sie die Orientierung dieser Person ein?)

Sachorientiert		**Beziehungsorientiert**
Sache vor Person		Person vor Sache
Logik ☐ ☐ ☐ ☐ ☐ ☐ ☐ ☐ ☐		Rhetorik/Eloquenz
Objektivierbarkeit		Subjektivität

Seite 66 ff.

Individualistisch		**Kollektivistisch**
Selbstbestimmung		Fremdbestimmung durch die Gruppe
persönliche Meinung ☐ ☐ ☐ ☐ ☐ ☐ ☐ ☐ ☐		Harmonie, Loyalität
unabhängig		abhängig

Seite 71 ff.

Kommuniziert direkt		**Kommuniziert indirekt**
Fokussieren		Rhetorik, umschreiben
direkt zur Sache ☐ ☐ ☐ ☐ ☐ ☐ ☐ ☐ ☐		das Wichtigste kommt am Schluss
schriftliche,		mündliche, informelle
formalisierte Interaktion		Interaktion

Seite 93 ff.

Kommuniziert neutral		**Kommuniziert expressiv**
wenig Gesten/Mimik		viel Gesten/Mimik
nacheinander sprechen ☐ ☐ ☐ ☐ ☐ ☐ ☐ ☐ ☐		auch gleichzeitig sprechen
Gefühle werden eher		Gefühle werden eher
nicht gezeigt		gezeigt

Seite 96 ff.

186

Schuldorientiert		**Schamorientiert**
eigene Überzeugung		soziale Verpflichtung
Selbstrespekt wahren	□ □ □ □ □ □ □ □ □ □	Gesicht vor der Gruppe wahren/
		Ehrenkodex
Recht/Richter		Ausgleich/Schlichter

Seite 126 ff.

Leistungsorientiert		**Statusorientiert**
sozialer Aufstieg durch		sozialer Status durch
Leistung		Gruppenzugehörigkeit
leistungsbezogen	□ □ □ □ □ □ □ □ □ □	bezogen auf soziale Schicht, Alter,
		Geschlecht, formale Gesellschaft

Seite 110 ff.

Egalitär orientiert		**Hierarchisch orientiert**
Kooperation		Direktiven
Mitbestimmung	□ □ □ □ □ □ □ □ □ □	Loyalität
eher informeller Umgang		formeller und distanzierter Umgang
mit Untergebenen		mit Untergebenen

Seite 110 ff.

Interne Kontrolle		**Externe Kontrolle**
intrinsische Motivation		externe Motivation (Lob, Tadel,
	□ □ □ □ □ □ □ □ □	Kontrolle)
Regelorientierung		Loyalität
aktiv lernen, kritisch		reaktiv lernen,
hinterfragen		«auswendig lernen»

Seite 113 ff.

Trennt Beruf und privat

Bereiche definiert und

abgegrenzt ☐ ☐ ☐ ☐ ☐ ☐ ☐ ☐ ☐

«Feierabend»

Privates eher außen

Seiten 66 ff., 117 ff., 157 ff.

Verquickt Beruf und privat

Bereiche

überschneiden sich

auch nach «Feierabend» erreichbar

Privates wird integriert

Monochron

chronologische Zeit

langfristige Planung ☐ ☐ ☐ ☐ ☐ ☐ ☐ ☐ ☐

eins nach dem anderen

Seiten 117 ff., 121 ff.

Polychron

Ereigniszeit

kurzfristige, flexible Planung

vieles gleichzeitig

Sicherheitsorientiert

Strukturen, festgelegte

Abläufe ☐ ☐ ☐ ☐ ☐ ☐ ☐ ☐ ☐

Sicherheit durch

Planungsvermögen, eher

aktiv, selbstbestimmt

Seite 117 ff.

Unsicherheitstolerant

Flexibilität, reaktiv,

situationsbezogene Abläufe

Sicherheit durch Improvisations-

vermögen, eher passiv,

vorherbestimmt (Insha' Allah)

Individuell religiös

Religion ist individuell ☐ ☐ ☐ ☐ ☐ ☐ ☐ ☐ ☐

Seite 134 ff.

Kollektiv religiös

Religion ist Gesellschafts-

ordnung und Wirtschaftsfaktor

Vergleich kultureller Orientierungen
© *Dr. Gabi Kratochwil/Dipl.-Psych. Matthieu Kollig 2006*

Hier können Sie die Selbst- und die Fremdeinschätzungen kultureller Orientierungen eintragen, um sie miteinander zu vergleichen.
Da, wo die Kreuze nah beieinander liegen, lassen sich Schnittmen-

188

gen vermuten, je weiter auseinander sie liegen, desto größer schätzen Sie die Unterschiede ein. Zur besseren Visualisierung können Sie die Kreuze mit unterschiedlichen Farben eintragen (zum Beispiel rot für die eigene Rolle und blau für die Rolle der anderen Person) und sie jeweils mit einer Linie verbinden.

Situation: _____

Eigene Rolle: Rolle der anderen Person:

_____

Sachorientiert ☐ ☐ ☐ ☐ ☐ ☐ ☐ ☐ ☐ **Beziehungsorientiert**

Individualistisch ☐ ☐ ☐ ☐ ☐ ☐ ☐ ☐ ☐ **Kollektivistisch**

Kommuniziert ☐ ☐ ☐ ☐ ☐ ☐ ☐ ☐ ☐ **Kommuniziert indirekt**
direkt

Kommuniziert ☐ ☐ ☐ ☐ ☐ ☐ ☐ ☐ ☐ **Kommuniziert expressiv**
neutral

Schuldorientiert ☐ ☐ ☐ ☐ ☐ ☐ ☐ ☐ ☐ **Schamorientiert**

Leistungsorientiert ☐ ☐ ☐ ☐ ☐ ☐ ☐ ☐ ☐ **Statusorientiert**

Egalitär orientiert ☐ ☐ ☐ ☐ ☐ ☐ ☐ ☐ ☐ **Hierarchisch orientiert**

Interne Kontrolle ☐ ☐ ☐ ☐ ☐ ☐ ☐ ☐ ☐ **Externe Kontrolle**

Trennt Beruf ☐ ☐ ☐ ☐ ☐ ☐ ☐ ☐ ☐ **Verquickt Beruf und**
und privat   **privat**

Monochron ☐ ☐ ☐ ☐ ☐ ☐ ☐ ☐ ☐ **Polychron**

Sicherheits- ☐ ☐ ☐ ☐ ☐ ☐ ☐ ☐ ☐ **Unsicherheits-**
orientiert   **tolerant**

Individuell religiös ☐ ☐ ☐ ☐ ☐ ☐ ☐ ☐ ☐ **Kollektiv religiös**

Beispiel: Vergleich kultureller Orientierung
© *Dr. Gabi Kratochwil/Dipl.-Psych. Matthieu Kollig 2006*

Situation: *Kritik*

Eigene Rolle:	Rolle der anderen Person:
Kritiknehmer ○	*Soll kritisieren* △

Sachorientiert □ □ □ △ □ □ ○ □ □ **Beziehungsorientiert**

Individualistisch □ △ ○ □ □ □ □ □ □ **Kollektivistisch**

Kommuniziert □ △ □ □ □ □ ○ □ □ **Kommuniziert indirekt**
direkt

Kommuniziert □ △ ○ □ □ □ □ □ □ **Kommuniziert expressiv**
neutral

Schuldorientiert □ ○ □ □ □ △ □ □ □ **Schamorientiert**

Leistungsorientiert △ □ □ □ □ □ □ □ □ **Statusorientiert**

Egalitär orientiert ○ □ □ △ □ □ □ □ □ **Hierarchisch orientiert**

Interne Kontrolle □ △ □ ○ □ □ □ □ □ **Externe Kontrolle**

Trennt Beruf und ○ △ □ □ □ □ □ □ □ **Verquickt Beruf und**
privat **privat**

Monochron □ □ ○ □ □ □ □ △ □ **Polychron**

Sicherheits- ○ □ □ □ □ △ □ □ □ **Unsicherheits-**
orientiert **tolerant**

Individuell religiös ○ □ △ □ □ □ □ □ □ **Kollektiv religiös**

Interpretation: Schnittmengen ergeben sich bezüglich der Orientierungen individualistisch/kollektivistisch, neutrale/expressive Kommunikation, Leistungs-/Statusorientierung sowie Trennung von Beruf und privat. Deutliche Unterschiede in der Einschätzung ergeben sich bei direkter/indirekter Kommunikation, monochronem und polychronem Zeitverständnis sowie Sicherheitsorientierung beziehungsweise Unsicherheitstoleranz.

Das Ergebnis legt die Formulierung einiger Hypothesen bezüglich der Situation «Kritik» zu: Der Kritiknehmer
- hat mit direkteren Botschaften zu rechnen, als er in der bevorstehenden Situation idealerweise erwartet,
- wird gleichzeitig mit Kritik oder Lob bezüglich mehrerer Themen umgehen müssen,
- wird Mitteilungen vernehmen, die er als abschweifend empfindet, Kritik oder Lob werden wiederholt,
- wird gut verstehen, dass seinem Gegenüber persönliche Meinungen wichtiger sind als kollektive Konventionen,
- wird sich mit seinem Gegenüber einig darüber sein, dass Kritik möglichst neutral vermittelt werden sollte,
- denkt ebenso leistungsbezogen wie der Kritisierende und erwartet, dass in dieser Situation Beruf und Privates getrennt werden.

Es ist nicht einfach, zu entscheiden, wie mit solchen Hypothesen umzugehen ist, denn viele Faktoren können die Auswahl potenzieller Handlungsstrategien beeinflussen. Mögliche Strategien können in interkulturellen Trainings oder mit interkulturell versierten Coaches entwickelt werden. Grundsätzlich gilt: Hypothesen sind keine Fakten, die unumstößlich sind. Sie können jedoch dazu beitragen, dass eventuell Unerwartetes erwartet wird und so einen bewussten, lösungsorientierten Umgang mit der Situation fördern.

Der Kritiknehmer könnte sich beispielsweise dazu entscheiden, die Schnittmengen zu thematisieren, um so eine atmosphärisch positive Basis für die Kritiksituation herzustellen. Dies entspräche auch seinem wahrgenommenen Bedürfnis nach Beziehungsorientierung und indirekter Kommunikation. Der Kritiknehmer hätte viele Möglichkeiten, mit Botschaften umzugehen, die direkter sind, als er sich das wünscht. Eine Möglichkeit wäre, die direkten Botschaften einfach zuzulassen und die Situation als Lernfeld zu begreifen. Um Abschweifungen weniger belastend zu empfinden, könnte er mehr Zeit als ursprünglich vorgesehen für die Situation einräumen und den Kritisierenden bitten, Schritt für Schritt vorzugehen.

Anhang

Länderporträts

Ägypten

Ländername:	Arabische Republik Ägypten (Gumhuriyat Misr al-'Arabiya)
Fläche:	1 Mio. qkm, davon ca. 4% landwirtschaftlich nutzbar
Hauptstadt:	Kairo (al-Qahira), ca. 15–16 Mio. Einwohner
Bevölkerung:	77,5 Mio. (Juli 2005), Ägypten zählt wegen Konzentration der Bevölkerung im Niltal und -delta zu den am dichtest besiedelten Ländern der Welt
Bevölkerungswachstum:	1,96% p.a. 2004
Sprachen:	Amtssprache: modernes Hocharabisch; Umgangssprache: ägyptisch-arabischer Dialekt; Geschäftssprachen: Englisch und z. T. Französisch
Alphabetisierungsrate:	67% (m), 44% (w)
Ø Lebenserwartung:	70,71 Jahre (2004)
Arbeitslosigkeit:	11,5% (2004/2005), hohe verdeckte Arbeitslosigkeit
Religionen:	ca. 90% Islam (Sunniten), 8–10% Christentum (Kopten, Griechisch-Orthodoxe, Katholiken, Protestanten), staatliche und kirchliche Zahlenangaben differieren stark; Islam ist Staatsreligion
Nationaltag:	23. Juli (1952), Tag der Revolution
Unabhängigkeit:	28. Februar 1922 (ehem. britisches Protektorat)
Regierungsform:	Präsidiale Republik
Staatsoberhaupt:	Mohamed Hosni Mubarak (Präsident seit 13.10.1981)
Währung:	1 Ägyptisches Pfund = 100 Piaster
BIP:	82 Mrd. US-Dollar (2004); Anteil: 16% Landwirtschaft, 34% Industrie, 50% Dienstleistungen
Realer Zuwachs:	3,2% (2003)
Inflationsrate:	5,2% (2004)
BIP pro Kopf:	1297 US-$ (2005)
Handy-Nutzer:	8,6 Mio. (2005)
Internet-Nutzer:	4,2 Mio. (2005)
Bodenschätze:	Erdöl, Erdgas, Eisenerz, Mangan, Phosphate, Kalkstein, Gips, Talkum,
Rohstoffe:	Asbest, Blei, Zink
Industrie:	Textilien, Nahrungsmittelverarbeitung, chem. Produkte, Erdöl, Bauwesen, Zement, Metalle

Landwirtschaft:	Weizen, Reis, Durra, Baumwolle, Futterklee, Tomaten, Zuckerrohr, Kartoffeln
Dienstleistungen:	Handel und Tourismus
Export:	10,0 Mrd. US-$
Exportgüter:	Rohöl und Erdölprodukte, Rohbaumwolle, Halbfertigwaren, Textilien, pflanzliche Produkte, chemische Produkte, Metallprodukte
Exportländer:	USA (13,3%), Italien (12,3%), Großbritannien (7,9%), Frankreich (4,7%), Deutschland (4,7%), Indien (4,2%)
Import:	16 Mrd. US-$
Importgüter:	Maschinen und Geräte, Transportausrüstungen, Nahrungsmittel, Düngemittel, Holzwaren, Gebrauchsgüter, Kapitalgüter
Importländer:	USA (13,6%), Deutschland (7,4%), Italien (7%), Frankreich (6,6%), China (4,8%), Saudi-Arabien (4,3%)

Mitgliedschaft in regionalen u. int. Wirtschaftszusammenschlüssen/
Abkommen (Auswahl): ACC, AFESD, AMF, CAEU, COMESA, GAFTA/ PAFTA, IWF, MAFTA, regionalen und int. OAPEC, Organisation der Nilstaaten, Weltbank, WTO, autonome Zollpräferenz einbezogen, vier EU-Handelsprotokolle (1975–1995), EU-Kooperationsabkommen (1977), Euro–Mediterranes Assoziierungsabkommen (25.7.2001)

Messen:	www.cicc.egnet.net
Wöchentl. Ruhetage:	Freitag/Samstag – Behörden: Donnerstag/Freitag

Algerien

Ländername:	Demokratische Volksrepublik Algerien (al-Jumhuriya al-Jazairiya ad- Dimuqratiya asch-Sha'biya)
Fläche:	2, 38 Mio. qkm, zweitgrößter Staat Afrikas
Hauptstadt:	Algier (al-Jaza'ir), über 3 Mio. Einwohner
Bevölkerung:	32,5 Mio. (Juli 2005)
Bevölkerungsgruppen:	Araber, Berber/Imazighen
Bevölkerungswachstum:	1,6% p.a. (2005)
Sprachen:	Amtssprache: modernes Hocharabisch; seit 2001 Tamazight als Nationalsprache neben Arabisch anerkannt; Umgangssprache: algerisch-arabischer Dialekt, Tamazight; Geschäftssprachen: Französisch, zunehmend auch Englisch
Alphabetisierungsrate:	78% (m), 60% (w)
⌀ Lebenserwartung:	73 Jahre
Arbeitslosigkeit:	26,0% (2003), hohe Jugendarbeitslosigkeit
Religionen:	mindestens 98% Islam (Sunniten), weniger als 3% Chris-

	tentum (Katholiken, Protestanten); Islam ist Staatsreligion
Nationaltag:	1. November (1954), Tag der Revolution
Unabhängigkeit:	5. Juli 1962 (ehem. französische Kolonie)
Regierungsform:	Präsidiale Republik
Staatsoberhaupt:	Abdelaziz Bouteflika (Präsident seit 27.4.1999)
Währung:	1 Algerischer Dinar = 100 Centimes
BIP:	66,530 Mrd. US-$ (2003); Anteile: 10% Landwirtschaft, 55% Industrie, 35% Dienstleistungen (2003)
Realer Zuwachs:	6,8%
Inflationsrate:	4,5% (2004)
BIP pro Kopf:	2971 US-$ (2005)
Handy-Nutzer:	14 Mio. (2005)
Internet-Nutzer:	k. A., Internetverbindungen: 500 000 (2005)
Bodenschätze/	
Rohstoffe:	Erdöl, Erdgas (fünftgrößte Reserven der Welt, zweitgrößter Erdgasexporteur der Welt, 20% aller EU-Importe), Eisenerz, Phosphate, Uran, Blei, Zink
Industrie:	Erdölförderung und -verarbeitung, Erdgasförderung und -verarbeitung, Leichtindustrie, Bergbau, petrochemische Industrie, Nahrungsmittelindustrie
Landwirtschaft:	Weizen, Datteln, Zitrusfrüchte, Gerste, Hafer, Oliven, Wein, Viehzucht
Dienstleistungen:	Verkehr, Handel und Tourismus
Export:	32,0 Mrd. US-$
Exportländer:	USA (23%), Italien (17%), Spanien (11%), Frankreich (11%), Niederlande (7%), Deutschland (1%)
Exportgüter:	Erdöl, Erdgas
Import:	17,7 Mrd. US-$
Importgüter:	Maschinen- und Transportausrüstung, Nahrungsmittel, industr. Vorprodukte
Importländer:	Frankreich (23%), Italien (9%), Deutschland (7%), USA (6%), Spanien (5%)

Mitgliedschaft in regionalen u. int. Wirtschaftszusammenschlüssen/
Abkommen (Auswahl): AFESD, AMF, ECA, FAO, IWF, OAPEC, OPEC, OUA, UMA, Weltbank, in allgemeine Zollpräferenz einbezogen, EU-Kooperationsabkommen (1979), Euro-Mediterranes Assoziierungsabkommen (19.12. 2001, noch nicht in Kraft), Beobachterstatus bei der WTO

| Messen: | www.safex.com.dj |
| Wöchentl. Ruhetage: | Donnerstag/Freitag |

Bahrain

Ländername:	Königreich Bahrain (Mamlakat al-Bahrain)
Fläche:	710 qkm
Hauptstadt:	Manama (al-Manama), ca. 200 000 Einwohner
Bevölkerung:	712 000 EW (2003), davon ein Drittel Ausländer
Bevölkerungs-wachstum:	2,6% p.a.
Sprachen:	Amtssprache: modernes Hocharabisch; Umgangssprachen: bahrainisch-arabischer Dialekt, Sprachen der nichtarabischen Bevölkerungsgruppen; Geschäftssprache: Englisch
Alphabetisierungsrate:	92% (m), 84% (w)
∅ Lebenserwartung:	73,98 Jahre
Arbeitslosigkeit:	15% (2003)
Religionen:	ca. 81% Islam (davon 65% Schiiten, 35% Sunniten), ca. 9% Christentum, ca. 10% andere Glaubensrichtungen, darunter Hinduismus; Islam ist Staatsreligion
Nationaltag:	16. Dezember (1970), Tag der Unabhängigkeit
Unabhängigkeit:	Proklamation: 15. August 1971 (ehem. britisches Protektorat)
Regierungsform:	Konstitutionelle Monarchie (seit 14.02.2002)
Staatsoberhaupt:	S. M. Shaikh Hamad bin Isa Al-Khalifa (König seit 14.02.2002, vorher Emir von Bahrain)
Währung:	1 Bahrain Dinar = 1000 Fils
BIP:	9,5 Mrd. US-$ (2004); Anteil: 0,6% Landwirtschaft, 41,0% Industrie, 58,4% Dienstleistungen
Realer Zuwachs:	5,1% (2004)
Inflationsrate:	1,2% (2002)
BIP pro Kopf:	14 728 US-$ (2005)
Handy-Nutzer:	k. A.
Internet-Nutzer:	k. A.
Bodenschätze/Rohstoffe:	Erdöl, Erdgas
Industrie:	Erdölförderung, Raffinerie, Erdgasförderung, Aluminiumschmelze, Schiffsbau
Landwirtschaft:	Fisch, Garnelen, Früchte, Gemüse, Geflügel, Milchprodukte
Dienstleistungen:	Führendes Finanzzentrum der Region, Offshore Banking mit mehr als 200 Banken und anderen Finanzinstituten, Tourismus (Formel 1)
Export:	6,6 Mrd. US-$ (71% davon Erdöl)
Exportgüter:	Erdöl und Erdölprodukte, Aluminium
Exportländer:	USA (4,5%), Indien (3,2%), Saudi-Arabien (2,1%)

Import:	5,5 Mrd. US-$
Importgüter:	Rohöl, Maschinen und Transportgüter, Fertigwaren, Chemikalien, Nahrungsmittel
Importländer:	Saudi-Arabien (29,5%), USA (11,4%), Japan (7%), Deutschland (6,4%)

Mitgliedschaft in regionalen u. int. Wirtschaftszusammenschlüssen/
Abkommen (Auswahl): AFESD, AMF, GAFTA/PAFTA, GCC, IWF, OAPEC, OPEC, Weltbank, WTO, in allgemeine autonome Zollpräferenz einbezogen, EU-Kooperationsvertrag mit GCC (1989), Freihandelsabkommen mit den USA (27.05.2004)

Messen:	www.bahrainexhibitions.com
Wöchentl. Ruhetage:	Freitag/Samstag (ab September 2006)

Irak

Ländername:	Republik Irak (al-Jumhuriya al-Iraqiya)
Fläche:	437 393 qkm
Hauptstadt:	Bagdad (Baghdad), ca. 7 Mio. Einwohner
Bevölkerung:	ca. 25 Mio. (Juli 2005), Araber, Kurden, Assyrer, Turkmenen, Aramäer
Bevölkerungswachstum:	2,74% p.a.
Sprachen:	Amtssprache: modernes Hocharabisch, Kurdisch (seit 1.7.2004)
Umgangssprache:	irakisch-arabischer Dialekt, Sprachen der o.a. Bevölkerungsgruppen; Geschäftssprache: Englisch
Alphabetisierungsrate:	55% (m), 23% (w)
Ø Lebenserwartung:	68 Jahre
Arbeitslosigkeit:	k. A.
Religionen:	ca. 95% Islam (davon ca. 60% Schiiten, 35% Sunniten), weniger als 5% Christentum (v. a. Chaldäer, Assyrer, Nestorianer unter anderem), kleine jüdische Gemeinden; Islam ist Staatsreligion
Nationaltag:	9. April (2003), Fall des Ba'ath-Regimes
Unabhängigkeit:	3. Oktober 1932 (Aufhebung des Völkerbundmandats)
Regierungsform:	Präsidiale Republik
Staatsoberhaupt:	Dschalal Talabani (Präsident seit April 2005)
Währung:	1 Irak-Dinar = 1000 Fils
BIP:	37,92 Mrd. US-$ (2004)
Realer Zuwachs:	– 21,8 (2004)
Inflationsrate:	29,3% (2004)
BIP pro Kopf:	1053 US-$ (2005)
Handy-Nutzer:	k. A.

Internet-Nutzer:	k. A.
Bodenschätze/	
Rohstoffe:	Erdöl (zweitgrößte Vorkommen der Welt), Erdgas, Phosphat, Schwefel
Industrie:	Erdölförderung, Erdgasförderung, Chemieindustrie, Textilindustrie, Baustoffe, Nahrungsmittelindustrie
Landwirtschaft:	Weizen, Gerste, Reis, Datteln, Gemüse, Baumwolle, Viehzucht
Dienstleistungen:	k. A.
Export:	7,54 Mrd. US-$ (2004)
Exportgüter:	Rohöl, Erdölprodukte
Exportländer:	USA (61%), Frankreich (8%), Niederlande (7), Italien (6%) (2001)
Import:	6,5 Mrd. US-$ (2003)
Importgüter:	Maschinen, Nahrungsmittel, Medizin, Fertigprodukte
Importländer:	Frankreich (19%), Australien (14%), Italien (11%), Deutschland (10%)
Mitgliedschaft in regionalen u. int. Wirtschaftszusammenschlüssen/	
Abkommen (Auswahl):	ACC, AFESD, AMF, CAEU, GAFTA/PAFTA, IWF, OAPEC, OPEC, Weltbank, Beobachterstatus bei der WTO, EU-Iraq Framework for Engagement (2004)
Messen:	Baghdad Messe
Wöchentl. Ruhetage:	Freitag/Samstag

Jemen

Ländername:	Republik Jemen (al-Jumhuriya al-Yamaniya)
Fläche:	527 970 qkm
Hauptstadt:	Sanaa (San'a), ca. 1,2 Mio. Einwohner
Bevölkerung:	ca. 20,02 Mio., 97% Araber, 2% Somalis unter anderen
Bevölkerungs-	
wachstum:	3,5% p.a.
Sprachen:	Amtssprache: modernes Hocharabisch; Umgangssprache: jemenitisch-arabischer Dialekt; Geschäftssprache: zunehmend Englisch
Alphabetisierungsrate:	69% (m), 29% (w)
Ø Lebenserwartung:	61,26 Jahre
Arbeitslosigkeit:	25% (2003)
Religionen:	ca. 99% Islam (überwiegend Sunniten, schiitische Zaiditen und Ismailiten), weniger als 1% Hinduismus (Inder), kleine jüdische Gemeinden, Christentum; Islam ist Staatsreligion
Nationaltag:	22. Mai (1990), Tag der Republik

Unabhängigkeit:	30.10.1918 (Nordjemen, Teil des Osmanischen Reiches), 30.11.1967 (Südjemen, ehem. britisches Protektorat), Vereinigung: 22. Mai 1990
Regierungsform:	Parlamentarisch kontrolliertes Präsidialsystem
Staatsoberhaupt:	Ali Abdallah Saleh (Präsident seit 22.5.2005, vormals Präsident des Nordjemen)
Währung:	1 Jemen Rial = 100 Fils
BIP:	10,509 Mrd. $ (2004); Anteil: 15% Landwirtschaft, 40% Industrie, 45% Dienstleistungen
Realer Zuwachs:	3,8% (2003)
Inflationsrate:	12,5% (2004)
BIP pro Kopf:	586 US-$ (2005)
Handy-Nutzer:	k. A.
Internet-Nutzer:	17000 (2001)
Bodenschätze/ Rohstoffe:	Erdöl, Erdgas, Steinsalz, Marmor, Kohle, Gold, Blei, Nickel, Kupfer
Industrie:	Erdölförderung und -verarbeitung, Textil- und Lederwarenherstellung, Lebensmittelverarbeitung, Zementherstellung, Handwerk
Landwirtschaft:	Getreide, Obst, Gemüse, Qat, Kaffee, Baumwolle, Milcherzeugnisse, Viehzucht, Fischerei
Dienstleistungen:	Tourismus
Export:	4,0 Mrd. US-$
Exportgüter:	Erdöl, Kaffee, Fisch
Exportländer:	Indien (19%), Thailand (17%), China (15,3%), Südkorea (12,4%), Singapur (9%), arabische Länder (2–6%)
Import:	3,4 Mrd. US-$
Importgüter:	Maschinen und Transportgüter, industrielle Vorprodukte, Nahrungsmittel
Importländer:	Saudi-Arabien (13,8%), VAE (9,9%), China (8%), USA (7%), Frankreich (6%)
Mitgliedschaft in regionalen u. int. Wirtschaftszusammenschlüssen/ Abkommen (Auswahl):	ACC, AFESD, AMF, CAEU, GAFTA/PAFTA, IWF, Weltbank, in allgemeine autonome Zollpräferenzen einbezogen, Beobachterstatus bei der WTO, EU-Kooperationsabkommen (1998)
Messen:	www.exposanaa.com
Wöchentl. Ruhetage:	Donnerstag/Freitag

Jordanien

Ländername:	Haschemitisches Königreich Jordanien (al-Mamlaka al-Urduniya al-Hashimiya)
Fläche:	97 740 qkm
Hauptstadt:	Amman (Amman), ca. 1,9 Mio. Einwohner
Bevölkerung:	5,6 Mio., ca. 98% Araber, ca. 2% Tscherkessen, Tschetschenen, Armenier, Kurden
Bevölkerungswachstum:	2,67% p.a. (2004)
Sprachen:	Amtssprache: modernes Hocharabisch
Umgangssprache:	jordanisch-arabischer Dialekt, Badu-Dialekte, Sprachen der o.a. Bevölkerungsgruppen; Geschäftssprache: Englisch
Alphabetisierungsrate:	96% (m), 86% (w)
∅ Lebenserwartung:	78 Jahre (2004)
Arbeitslosigkeit:	14,5% (2003), hohe verdeckte Arbeitslosigkeit
Religionen:	ca. 90% Islam (Sunniten, 0,2% Schiiten), 8–10% Christentum (Aramäer, Assyrer, Griechisch-Orthodoxe) und Sonstige (Mandäer, Zoroastrier, Yeziden, Baha'i); Islam ist Staatsreligion
Nationaltag:	25. Mai (1946), Tag der Unabhängigkeit (ehem. britisches Mandatsgebiet)
Unabhängigkeit:	22. März 1946
Regierungsform:	Konstitutionelle Monarchie
Staatsoberhaupt:	S. M. König Abdullah II. (König seit 7.2.1999)
Währung:	1 Jordanischer Dinar = 1000 Fils
BIP:	10,8 Mrd. US-$ (2004); Anteil: 2% Landwirtschaft, 26% Industrie, 72% Dienstleistungen
Realer Zuwachs:	3,2% (2003)
Inflationsrate:	3,4% (2004)
BIP pro Kopf:	2058 US-$ (2005)
Handy-Nutzer:	1,6 Mio. (2004)
Internet-Nutzer:	600 000 (2005)
Bodenschätze/ Rohstoffe:	Phosphate, Pottasche, Schieferöl, Erdgas
Industrie:	IT-Sektor, Pharmaindustrie, Textilherstellung, Phosphatabbau und -verarbeitung, Gewinnung von Kali, Eisenerz, Düngerherstellung, Zementindustrie, Erdgasförderung, Erdölraffinierung
Landwirtschaft:	Oliven, Mandeln, Pistazien, Walnüsse, Zitrusfrüchte, Feigen, Obst, Weizen, Wein, Tabak, Viehzucht
Dienstleistungen:	Tourismus
Export:	3,8 Mrd. US-$ (2004)

Exportgüter:	Chemische Erzeugnisse, Pharmaprodukte, Phosphatprodukte, Textilien, Rohstoffe, Pottasche, Obst und Gemüse
Exportländer:	Irak (20,6%), USA (14,9%), Indien (8,3%), Schweiz (7%), Saudi-Arabien (5,5%), VAE (4%)
Import:	5,7 Mrd. US-$ (2004)
Importgüter:	Rohöl, Maschinen und Transportausrüstungen, Industriegüter, Brennstoffe, Nahrungsmittel, Vieh
Importländer:	Irak (14%), Deutschland (9%), USA (8%), Frankreich (4%), Italien (3%)

Mitgliedschaft in regionalen u. int. Wirtschaftszusammenschlüssen/
Abkommen (Auswahl): ACC, AFESD, AMF, CAEU, GAFTA/PAFTA, IWF, MAFTA, Weltbank, WTO, in allgemeine autonome Zollpräferenz einbezogen, EU-Kooperationsabkommen (27.9.78), Freihandelsabkommen mit den USA (2001), Euro-Mediterranes Assoziierungsabkommen (1997/15.5.2002)

Messen:	www.mit.gov.jo
Wöchentl. Ruhetage:	Freitag/Samstag, für Christen auch Sonntag

Katar

Ländername:	Staat Katar (Daulat Qatar)
Fläche:	11 437 qkm
Hauptstadt:	Doha (ad-Dawha), ca. 450 000 Einwohner
Bevölkerung:	ca. 800 000, 45% Araber (20% Katarer), 34% Inder, Pakistaner, 16% Iraner, 5% Sonstige
Bevölkerungswachstum:	ca. 5% p.a.
Sprachen:	Amtssprache: modernes Hocharabisch; Umgangssprache: katarisch-arabischer Dialekt, Sprachen der o. a. Bevölkerungsgruppen; Geschäftssprache: Englisch
Alphabetisierungsrate:	94% (m), 94% (w)
∅ Lebenserwartung:	73,9 Jahre
Arbeitslosigkeit:	3,9% (2001)
Religionen:	ca. 92% Islam (Sunniten, Wahhabiten, schiitische Minderheit), ca. 8% Christentum und Hinduismus; Islam ist Staatsreligion
Nationaltag:	3. September (1971), Tag der Unabhängigkeit (ehem. britisches Protektorat)
Unabhängigkeit:	3. September 1971
Regierungsform:	Emirat mit beratender Versammlung
Staatsoberhaupt:	S. H. Emir Shaikh Hamad bin Khalifa Al-Thani (Emir 27.6.1995)
Währung:	1 Qatar Rial = 100 Dirham

BIP:	28,450 Mrd. US-$ (2004); Anteil: 1% Landwirtschaft, 68% Industrie, 31% Dienstleistungen
Realer Zuwachs:	12% (2004)
Inflationsrate:	7% (2004)
BIP pro Kopf:	39 607 US-$ (2005)
Handy-Nutzer:	k. A.
Internet-Nutzer:	40 000 (2001)
Bodenschätze/ Rohstoffe:	Erdgas (drittgrößte Vorkommen der Welt), Erdöl
Industrie:	Erdölförderung und -verarbeitung, Kunstdünger (weltweit größter Kunstdüngerproduzent), Stahlproduktion, Zement
Landwirtschaft:	Früchte, Gemüse, Viehzucht, Milchprodukte, Fischerei
Dienstleistungen:	k. A.
Export:	12,6 Mrd. US-$
Exportgüter:	Erdöl, Düngemittel
Exportländer:	Japan (48%), Rep. Korea (16%), Singapur (10%), Thailand (4%), VAE (4%)
Import:	5,9 Mrd. US-$
Importgüter:	Maschinen, bearbeitete Waren, Nahrungsmittel, chemische Produkte
Importländer	USA (13%), Japan (11%), Italien (9%), Großbritannien (8%), VAE (7%), Deutschland (7%)
Mitgliedschaft in regionalen u. int. Wirtschaftszusammenschlüssen/	
Abkommen (Auswahl):	AFESD, AMF, GAFTA/PAFTA, GCC, IWF, OAPEC, OPEC, Weltbank, WTO, in allgemeine autonome Zollpräferenz einbezogen, EU-Kooperationsvertrag mit GCC (1989)
Messen:	qiec@qatar.net.qa
Wöchentl. Ruhetage	Freitag/Samstag

Kuwait

Ländername:	Staat Kuwait (Daulat al-Kuwait)
Fläche:	17 818 qkm
Hauptstadt:	Kuwait City (al-Kuwait), ca. 1 Mio. Einwohner
Bevölkerung:	2,8 Mio., davon 1,35 Mio. Ausländer, Araber
Bevölkerungswachstum:	3,4% p.a.
Sprachen:	Amtssprache: modernes Hocharabisch; Umgangssprache: kuwaitisch-arabischer Dialekt; Geschäftssprache: Englisch

Alphabetisierungsrate	85% (m), 81% (w)
Ø Lebenserwartung:	76,84 Jahre
Arbeitslosigkeit:	k. A.
Religionen:	überwiegend Islam (davon 65% Sunniten, 35% Schiiten), Minderheit von Hinduismus und Christentum; Islam ist Staatsreligion
Nationaltag:	25. Februar
Unabhängigkeit:	19. Juli 1961 (ehem. britisches Protektorat)
Regierungsform:	Emirat, Monarchie mit parlamentarischer Beteiligung
Staatsoberhaupt:	S. H. Shaikh Jaber Al-Ahmad Al-Jaber As-Sabah (Emir seit 31.12.1977)
Währung:	1 Kuwait Dinar = 1000 Fils
BIP:	48,8 Mrd. US-$ (2004); Anteil: 0,4% Landwirtschaft, 60,5% Industrie, 39,1% Dienstleistungen
Realer Zuwachs	9,9% (2004)
Inflationsrate	1,8% (2004)
BIP pro Kopf	22 424 US-$ (2005)
Handy-Nutzer	k. A.
Internet-Nutzer	200 000 (2001)
Bodenschätze/ Rohstoffe	Erdöl (10% der Weltreserven), Erdgas
Industrie:	Erdölförderung und -verarbeitung, Erdgasförderung, Entsalzungsanlagen, Lebensmittelproduktion, Baumaterial
Landwirtschaft:	Fischerei
Dienstleistungen:	Tourismus
Export:	21,0 Mrd. US-$
Exportgüter:	Erdöl, Erdölprodukte, Kunstdünger
Exportländer:	Japan (24,1%), Südkorea (12,8%), USA (11,8%), Singapur (10%), Taiwan (7,4%), Niederlande (4,4%), Pakistan (4,3%)
Import:	10,8 Mrd. US-$
Importgüter:	Maschinen und Transportgüter, Nahrungsmittel, Baumaterial, Textilien
Importländer:	USA (12,8%), Japan (10,9%), Deutschland (9,7%), Saudi-Arabien (6,4%), Großbritannien (5,9%), Italien (5,3%), Frankreich (5,1%)

Mitgliedschaft in regionalen u. int. Wirtschaftszusammenschlüssen/
Abkommen (Auswahl): AFESD, AMF, CAEU, GAFTA/PAFTA, GCC, IWF, OAPEC, OPEC, Weltbank, WTO, EU-Kooperationsvertrag mit GCC (1989)

Messen:	www.kcci.org.kw
Wöchentl. Ruhetage:	Büros: Donnerstag/Freitag – Banken: Freitag/Samstag

Libanon

Ländername:	Libanesische Republik (al-Jumhuriya al-Lubnaniya)
Fläche:	10 452 qkm
Hauptstadt:	Beirut (Bairut), 1,1 Mio. Einwohner
Bevölkerung:	ca. 4,5 Mio., (95% Araber), Armenier, Kurden, Aramäer, Sonstige
Bevölkerungs- wachstum:	1,3% p.a.
Sprachen:	Amtssprache: modernes Hocharabisch; Umgangssprache: libanesisch-arabischer Dialekt, Sprachen der o. a. Bevölkerungsgruppen; Geschäftssprachen: Französisch und Englisch
Alphabetisierungsrate:	92% (m), 80% (w)
Ø Lebenserwartung:	72,4 Jahre
Arbeitslosigkeit:	20–25% (2002)
Religionen:	18 anerkannte Religionsgemeinschaften, darunter ca. 53% Islam (32% Schiiten, 21% Sunniten), ca. 39% Christentum (Maroniten, Griechisch-Orthodoxe, Griechisch-Katholische, Syrisch-Orthodoxe, Syrisch-Katholische, Assyrer, Armenier unter anderen), ca. 7% Drusen und ca. 1% andere
Nationaltag:	22. November (1943), Wiedereinsetzung libanesischer Amtsträger
Unabhängigkeit:	26. November 1941 (ehem. französisches Mandatsgebiet)
Regierungsform:	Parlamentarische Demokratie
Staatsoberhaupt:	Emile Lahoud (Staatspräsident seit 24.11.1998)
Währung:	1 Libanesisches Pfund = 100 Piaster
BIP:	17,82 Mrd. US-$ (2004); Anteil: 12% Landwirtschaft, 20% Industrie, 68% Dienstleistungen
Realer Zuwachs:	2,7% (2003)
Inflationsrate:	3,0% (2004)
BIP pro Kopf:	5434 US-$ (2005)
Handy-Nutzer:	890 100 (2004)
Internet-Nutzer:	600 000 (2005)
Bodenschätze/ Rohstoffe/Industrie:	Kalkstein, Eisenerz, Salz, Wasser-Überschuss, Ackerland Nahrungsmittelverarbeitung, Textilindustrie, Zementherstellung, Chemieerzeugnisse, Erdölraffinerie, Holzindustrie, Möbelherstellung, Metallverarbeitung, Schmuckindustrie
Landwirtschaft:	Zitrusfrüchte, Obst, Gemüse, Oliven, Wein, Tabak, Viehzucht
Dienstleistungen:	Bank- und Finanzwesen und Tourismus

Export:	1,8 Mrd. US-$ (2004)
Exportgüter:	Nahrungsmittel, Baustoffe, Metalle, Papierprodukte, Chemieerzeugnisse, Elektroerzeugnisse, Tabak
Exportländer:	Saudi-Arabien (13,1%), VAE (9,1%), Frankreich (7,0%), USA (6,9%)
Import:	7,7 Mrd. US-$ (2004)
Importgüter:	Mineralische Rohstoffe, Nahrungsmittel, Maschinen und Transportausrüstung, Kraftfahrzeuge, Konsumgüter, Chemieerzeugnisse
Importländer:	Italien (12%), Frankreich (10%), Deutschland (9%), USA (7%), Syrien (5%)

Mitgliedschaft in regionalen u. int. Wirtschaftszusammenschlüssen/
Abkommen (Auswahl): AFESD, AMF, GAFTA/PAFTA, IWF, Weltbank, in allgemeine autonome Zollpräferenz einbezogen, EU-Kooperationsabkommen (27.9.78), Euro-Mediterranes Assoziierungsabkommen (17.6.2002), Beobachterstatus bei der WTO

Messen:	www.ifp.com.lb
Wöchentl. Ruhetage:	Sonntag – Behörden: Freitag/Samstag bis 12 Uhr

Libyen

Ländername:	Sozialistische Libysch-Arabische Volks-Dschamahiriya (al-Jamahiriya al-'Arabiya al-Libiya ash-Sha'biya al-Ishtirakiya)
Fläche:	1,77 Mio. qkm, davon ca. 1% Ackerland, 8% Weideland
Hauptstadt:	Tripolis (Tarabulus), ca. 1,75 Mio. Einwohner
Bevölkerung:	5,7 Mio., Araber, Berber/Imazighen, ca. 1,2 Mio. ausländische Arbeiter
Bevölkerungswachstum:	2,4% p.a. (2004)
Sprachen:	Amtssprache: modernes Hocharabisch
Umgangssprache:	libysch-arabischer Dialekt, Tamazight, Tamasheq, nilosaharische Sprachen, z.T. Italienisch; Geschäftssprachen: Englisch und z.T. Italienisch
Alphabetisierungsrate:	92% (m), 71% (w)
∅ Lebenserwartung:	76 Jahre (2004)
Arbeitslosigkeit:	ca. 30% (2004)
Religionen:	ca. 99% Islam (v.a. Sunniten, Ibaditen), ca. 1% Katholiken, Kopten; Islam ist Staatsreligion
Nationaltag:	1. September (1969), Tag der Revolution

Unabhängigkeit:	24.12.1951 (ehem. italienische Kolonie 1911–1947, 1943–1951 britisch-französische Militäradministration)
Regierungsform:	Dschamahiriya (Volksherrschaft)
Staatsoberhaupt:	Muammar al-Ghaddafi (Revolutionsführer seit 1.9.1969)
Währung:	1 Libyscher Dinar = 1000 Dirham
BIP:	23 Mrd. US-$ (2004); Anteil: 8% Landwirtschaft, 49% Industrie, 43% Dienstleistungen
Realer Zuwachs:	6% (2004)
Inflationsrate:	2,5% (2004)
BIP pro Kopf:	5701 US-$ (2005)
Handy-Nutzer:	127 000 (2003)
Internet-Nutzer:	205 000 (2005)
Bodenschätze/ Rohstoffe:	Erdöl, Erdgas, Eisenerz, Kalkstein, Schwefel, Gips, Ton, Kali-, Steinsalz
Industrie:	Erdöl (49%), Nahrungsmittelindustrie, Textilindustrie, Zement, Handwerk
Landwirtschaft:	Weizen, Gerste, Kartoffeln, Oliven, Datteln, Zitrusfrüchte, Gemüse, Erdnüsse, Sojabohnen, Viehzucht, Fischerei
Dienstleistungen:	Verkehr und zunehmend Tourismus
Export:	20,84 Mrd. US-$
Exportgüter:	Rohöl und -derivate
Exportländer:	Italien (37%), Deutschland (16,6%), Spanien (11,9%), Türkei (7,1%) Frankreich (6,2%)
Import:	8,59 Mrd. US-$
Importgüter:	Maschinen, technische Ausrüstungen, Nahrungsmittel, Konsumgüter
Importländer:	Italien (25,5%), Deutschland (11%), Südkorea (6,1%)
Mitgliedschaft in regionalen u. int. Wirtschaftszusammenschlüssen / Abkommen (Auswahl):	AFESD, AMF, CAEU, GAFTA/PAFTA, IWF, OAPEC, OPEC, UMA, Sahara-Anrainerstaaten, Weltbank, in allgemeine autonome Zollpräferenz einbezogen, Beobachterstatus bei der WTO, Beobachterstatus bei der EU-Mediterranen Partnerschaft (1999)
Messen:	k. A.
Wöchentl. Ruhetage:	Freitag, z.T. Samstag

Marokko

Ländername:	Königreich Marokko (al-Mamlaka al-Maghribiya)
Fläche:	459 000 qkm (ohne Westsahara), 713 000 qkm (mit Westsahara)
Hauptstadt:	Rabat (ar-Ribat), ca. 900 000 Einwohner
Bevölkerung:	32,7 Mio. (Juli 2005), Araber, Berber/Imazighen
Bevölkerungswachstum:	1,6% p.a.
Sprachen:	Amtssprache: modernes Hocharabisch; Tamazight als offizielle Nationalsprache (2002) anerkannt; Umgangssprache: marokkanisch-arabischer Dialekt, Tamazight; Geschäftssprachen: Französisch, Spanisch (Nordmarokko), zunehmend Englisch
Alphabetisierungsrate:	63% (m), 38% (w)
Ø Lebenserwartung:	68 Jahre (2004)
Arbeitslosigkeit:	10,8% (2004), hohe Jugendarbeitslosigkeit
Religionen:	ca. 99% Islam (Sunniten), 0,8% Christentum (Katholiken), 0,2% Judentum; Islam ist Staatsreligion
Nationaltag:	30. Juli (1999), Tag der Thronbesteigung König Mohamed VI.
Unabhängigkeit:	2. März 1956 (ehem. französisches und spanisches Protektorat)
Regierungsform:	Konstitutionelle Monarchie
Staatsoberhaupt:	Mohamed VI. (König und Amir al-Mu'minin seit 23.7.1999)
Währung:	1 Dirham = 100 Centimes
BIP:	54,5 Mrd. US-$; Anteil: 17% Landwirtschaft, 30% Industrie, 54% Dienstleistungen
Realer Zuwachs:	5,2% (2003)
Inflationsrate:	2,4% (2004)
BIP pro Kopf:	1758 US-$ (2005)
Handy-Nutzer:	12,4 Mio. (2005)
Internet-Nutzer:	262 326 (2005)
Bodenschätze/Rohstoffe:	Phosphat (die größten Vorkommen der Welt, 75%), Eisenerz, Mangan, Zink, Blei, Silber, Gold, Nickel, Kobalt
Industrie:	Phosphatabbau und -verarbeitung, Eisen- und Stahlindustrie, Nahrungsmittelverarbeitung, Textil- und Lederindustrie, Baumaterial, Elektronik, Automobilmontage
Landwirtschaft:	Weizen, Gerste, Zitrusfrüchte, Wein, Oliven, Gemüse, Viehzucht, Fischerei
Dienstleistungen:	Tourismus und Verkehr

Export:	9,7 Mrd. US-$ (2004)
Exportgüter:	Bekleidung, Phosphat, Fisch, chemische Produkte, Kunstdünger, Erdölprodukte, Obst und Gemüse
Exportländer:	Frankreich (26,1%), Spanien (16,4%), Großbritannien (7%), Deutschland (6%)
Import:	17,5 Mrd. US-$ (2004)
Importgüter:	Rohöl, Telekom-Ausrüstung, Weizen, Erdgas, Elektrizität, Kunststoffe
Importländer:	Frankreich (23%), Spanien (11%), Italien (6%), Deutschland (5%), Großbritannien (5%)

Mitgliedschaft in regionalen u. int. Wirtschaftszusammenschlüssen/
Abkommen (Auswahl): AFESD, AMF, GAFTA/PAFTA, IWF, MAFTA, UMA, Weltbank, WTO, in allgemeine autonome Zollpräferenz einbezogen, EU-Kooperationsabkommen (1976), Euro-Mediterranes Assoziierungsabkommen (26.2.1996), Freihandelsabkommen mit den USA

Messen:	www.ofec.co.ma
Wöchentl. Ruhetage:	Samstag/Sonntag

Oman

Ländername:	Sultanat Oman (Saltanat 'Uman)
Fläche:	309 500 qkm
Hauptstadt:	Muskat (Masqat), ca. 500 000 Einwohner
Bevölkerung:	2,3 Mio. (Juli 2005), Araber, ca. 580 000 Ausländer, v.a. Inder, Iraner, Belutschen, Pakistaner
Bevölkerungswachstum:	2,4% p.a.
Sprachen:	Amtssprache: modernes Hocharabisch; Umgangssprache: omanisch-arabischer Dialekt, Sprachen der o.a. Bevölkerungsgruppen; Geschäftssprache: Englisch
Alphabetisierungsrate:	82% (m), 65% (w)
Ø Lebenserwartung:	72,85 Jahre (2004)
Arbeitslosigkeit:	k. A.
Religionen:	ca. 75% Islam (Ibaditen, Sunniten, Schiiten), 20% Hinduismus, 5% Christentum; Ibadiya ist Staatsreligion
Nationaltag:	18. November (1940), Geburtstag von Sultan Qabus
Unabhängigkeit:	formell nie abhängig, ab Ende des 19. Jh. besonderes Vertragsverhältnis zu Großbritannien, das ab 1951 schrittweise abgebaut wurde
Regierungsform:	Monarchie, seit 1991 beratende Versammlung, seit 1997 Staatsrat
Staatsoberhaupt:	S. M. Sultan Qabus Ibn Said Ibn Taimur Al-Said (seit 23.7.1970)

208

Währung:	1 Omanischer Rial = 1000 Baisa
BIP:	24,474 Mrd. US-$ (2004); Anteil: 3% Landwirtschaft, 41% Industrie, 56% Dienstleistungen
Realer Zuwachs:	k. A.
Inflationsrate:	1,6% (2006)
BIP pro Kopf:	10 316 US-$ (2005)
Handy-Nutzer:	k. A.
Internet-Nutzer:	120 000 (2002)
Bodenschätze/ Rohstoffe:	Erdöl, Erdgas, Kupfer, Asbest, Marmor, Kalkstein, Chrom, Gips
Industrie:	Erdöl- und Erdgasförderung, Baugewerbe, Zement- und Kupferproduktion
Landwirtschaft:	Datteln, Zitrusfrüchte, Bananen, Gemüse, Viehzucht, Fischerei
Dienstleistungen:	Tourismus
Export:	11,7 Mrd. US-$
Exportgüter:	Erdöl, Flüssiggas, Fische, Datteln, Metalle, Texitilien, Perlen
Exportländer:	Japan (22,1%), Südkorea (19,9%), China (15,2%), Thailand (12,6%), Taiwan (5,5%), Singapur (4,7%), USA (4,4%)
Import:	6,6 Mrd. US-$
Importgüter:	Maschinen, Tansportausrüstungen, Industriegüter, Lebensmittel, Schmiermittel, Vieh
Importländer:	VAE (27,6%), Japan (16,7%), Großbritannien (7,4%), USA (6,9%), Deutschland: 5%

Mitgliedschaft in regionalen u. int. Wirtschaftszusammenschlüssen/
Abkommen (Auswahl): AFESD, AMF, GAFTA/PAFTA, GCC, IWF, Weltbank, WTO, Oman ist kein OPEC- Mitglied, EU-Kooperationsvertrag mit GCC (1989)

Messen:	www.omanexhibitions.com
Wöchentl. Ruhetage:	Donnerstag/Freitag

Palästinensische Autonomiegebiete (Westbank und Gaza)

Fläche:	5800 qkm (Westbank), 365 qkm (Gaza)
Hauptstadt:	angestrebt wird Ostjerusalem (Verwaltungssitz: Ramallah)
Bevölkerung:	2,31 Mio. (Westbank), 1,34 Mio. (Gaza), Araber
Bevölkerungswachstum:	3,2% p.a. (Westbank), 3,8% (Gaza)
Sprachen:	Amtssprache: modernes Hocharabisch; Umgangsspra-

che: palästinensisch-arabischer Dialekt, Hebräisch; Geschäftssprache: Englisch

Alphabetisierungsrate: 85,5193
(keine Differenzierung m/w)

∅ Lebenserwartung:	72,9 Jahre (Westbank), 71,6 Jahre (Gaza-Streifen)
Arbeitslosigkeit:	32,4% (2004)
Religionen:	ca. 97% Islam (Sunniten), ca. 3% Christentum (quasi alle Kirchen vertreten); Islam ist Staatsreligion
Nationaltag:	15. November
Regierungsform:	Palästinensische Autonomiebehörde / National Palestinian Authority (PNA)
Staatsoberhaupt:	Mahmoud Abbas (Präsident seit Januar 2005)
Währung:	1 Neuer Israelischer Schekel = 100 Agorot
	1 Jordanischer Dinar = 1000 Fils
BIP:	3,454 Mrd. US-$ (2003)
	Anteil: 6% Landwirtschaft, 12% Industrie, 82% Dienstleistungen
Realer Zuwachs:	– 1,7%
Inflationsrate:	5,7% (2004)
BIP pro Kopf:	800 US-$ (2002) Westbank, 600 US-$ (2003) Gaza, laut Schätzungen von Nichtregierungs- und UN-Organisationen leben 60% unter der Armutsgrenze von 2 US-$ pro Tag.
Handy-Nutzer:	k .A.
Internet-Nutzer:	k. A.

Bodenschätze/Rohstoffe: Ackerland, Erdgas (Gaza)

Industrie:	Bausektor, Klein- und mittelständische Betriebe im Bereich Zement, Textil, Handwerk
Landwirtschaft:	Oliven, Zitrusfrüchte, Gemüse, Viehzucht, Milchprodukte
Export:	603 Mio. US-$
Exportgüter:	Oliven, Früchte, Gemüse, Kalkstein, Textilien
Exportländer:	Israel, Jordanien, Ägypten
Import:	1,9 Mrd. US-$
Importgüter:	Maschinen, Transportgüter, Nahrungsmittel, Konsumgüter, Baumaterial, Brennstoffe
Importländer:	Israel, Jordanien, Ägypten, Saudi-Arabien, EU

Mitgliedschaft in regionalen u. int. Wirtschaftszusammenschlüssen/
Abkommen (Auswahl): AFESD, AMF, CAEU, GAFTA/PAFTA, IWF, Weltbank,
Euro-Mediterranes Interimsassoziationsabkommen
(1.7.1997)

Messen:	www.dgit.org, www.paltrade.org
Wöchentl. Ruhetage:	Donnerstag/Freitag, für Christen auch Sonntag

Saudi-Arabien

Ländername:	Königreich Saudi-Arabien (al-Mamlaka al-'Arabiya as-Sa'udiya)
Fläche:	2,15 Mio. qkm
Hauptstadt:	Riad (Riyadh), ca. 5 Mio. Einwohner
Bevölkerung:	ca. 22,67Mio., Araber
Bevölkerungs-wachstum:	2,9% p.a.
Sprachen:	Amtssprache: modernes Hocharabisch; Umgangssprache: saudi-arabischer Dialekt, Bedu-Dialekte; Geschäftssprache: Englisch
Alphabetisierungsrate:	84% (m), 69% (w)
Ø Lebenserwartung:	75,23 Jahre
Arbeitslosigkeit:	25–30% (2004)
Religionen:	100% Islam (überwiegend Sunniten wahhabitischer Ausrichtung, schiitische Minderheit im Osten), Wahhabiya ist Staatsreligion
Nationaltag:	23. September (1932), Proklamation des Königreiches
Regierungsform:	Absolute Monarchie mit religiöser Legitimation (Wahhabiya)
Staatsoberhaupt:	S. M. König Abdullah bin Abdulaziz Al-Sa'ud (seit 1.8.2005 König und Diener der Heiligen Stätten Mekka und Medina)
Währung:	1 Saudischer Rial = 100 Hallalas
BIP:	250,56 Mrd. US-$ (2003); Anteil: 5% Landwirtschaft, 55% Industrie, 40% Dienstleistungen
Realer Zuwachs:	7,2%
Inflationsrate:	2,5% (2004)
BIP pro Kopf:	11 085 US-$ (2005)
Handy-Nutzer:	9,18 Mio. (2004)
Internet-Nutzer:	1,59 Mio. (2004)
Bodenschätze/ Rohstoffe:	Erdöl (26% der Weltreserven), Erdgas (viertgrößte Vorkommen der Welt), Bauxit, Kupfer, Gold, Eisenerz, Blei, Silber
Industrie:	Erdölförderung und -verarbeitung, Erdgasförderung, Zement, Bausektor, Kunstdünger, Kunststoffe
Landwirtschaft:	Weizen, Gerste, Tomaten, Datteln, Zitrusfrüchte, Viehzucht, Milchprodukte
Dienstleistungen:	k. A.
Export:	130,4 Mrd. US-$ (2004)
Exportgüter:	Erdöl- und Erdölprodukte, Datteln
Exportländer:	USA (20,9%), Japan (15,8%), Südkorea (9,8%), China

	(6%), Singapur (4%), Deutschland (1%)
Import:	40 Mrd. US-$
Importgüter:	Maschinen und Ausrüstungen, Lebensmittel, Chemieerzeugnisse, Kfz, Textilien, Konsumgüter
Importländer:	USA (11,1%), Japan (8,7%), Deutschland (7,5%), Großbritannien (4,9%)

Frankreich (4,8%), Italien (4%)

Mitgliedschaft in regionalen u. int. Wirtschaftszusammenschlüssen/
Abkommen (Auswahl): AFESD, AMF, GAFTA/PAFTA, GCC, IWF, OAPEC, OPEC, Weltbank, WTO, in allgemeine autonome Zollpräferenz einbezogen, EU-Kooperationsvertrag mit GCC (1989)

Messen:	www.ahk-arabia.com, www.recexpo.com
Wöchentl. Ruhetage:	Donnerstag/Freitag

Syrien

Ländername:	Arabische Republik Syrien (al-Jumhuriya al-'Arabiya as-Suriya)
Fläche:	185 180 qkm
Hauptstadt:	Damaskus (Dimashq), ca. 2 Mio. Einwohner (Groß-Damaskus ca. 3,5 Mio.)
Bevölkerung:	18,86 Mio., Araber (ca. 89%), Kurden, Armenier, Tscherkessen, Turkmenen, Assyrer
Bevölkerungswachstum:	2,4% p.a.
Sprachen:	Amtssprache: modernes Hocharabisch; Umgangssprache: syrisch-arabischer Dialekt, Sprachen der o. a. Bevölkerungsgruppen; Geschäftssprache: Englisch und Französisch
Alphabetisierungsrate:	91% (m), 74% (w)
∅ Lebenserwartung:	70,3 Jahre
Arbeitslosigkeit:	11,7% (2003), Dunkelziffer liegt höher
Religionen:	90% Islam (Sunniten, ca. 15% Alawiten [Nusairer, herrschende Elite]), 4% Drusen, 1% Ismailiten, Schiiten), 10% Christentum (Syrisch-Orthodoxe, Maroniten, unter anderen); Islam ist Staatsreligion
Nationaltag:	17. April (1946), Tag der Unabhängigkeit (de facto)
Unabhängigkeit:	28. September 1941 (nominell; ehem. französisches Mandatsgebiet)
Regierungsform:	Präsidiale Republik
Staatsoberhaupt:	Dr. Bashar al-Assad (Präsident seit 17.7.2000)
Währung:	1 Syrisches Pfund = 100 Piaster
BIP:	21,9 Mrd. US-$ (2004); Anteil: 23,1% Landwirtschaft,

	27,6% Industrie, 49,4% Dienstleistungen
Realer Zuwachs:	2,5%
Inflationsrate:	3,5% (2004)
BIP pro Kopf:	1378 US-$ (2005)
Handy-Nutzer:	2,1 Mio. (2004)
Internet-Nutzer:	800 000 (2005)
Bodenschätze/	
Rohstoffe:	Erdöl, Erdgas, Phosphat, Chrom-, Eisen-, Manganerz, Steinsalz, Marmor, Gips
Industrie:	Erdölförderung und -verarbeitung, Erdgasförderung, Textil, Lebensmittelverarbeitung, Tabakindustrie, Bergbau
Landwirtschaft:	Weizen, Gerste, Baumwolle, Oliven, Kichererbsen, Viehzucht, Milchprodukte
Dienstleistungen:	Tourismus
Export:	6,26 Mrd. US-$
Exportgüter:	Rohöl, Erdölprodukte, Obst und Gemüse, Baumwollfasern, Textilien, Vieh und Fleisch
Exportländer:	Deutschland (19%), Italien (16%), Frankreich (12%), Türkei (7%), Libanon (5%)
Import:	8,36 Mrd. US-$
Importgüter:	Maschinen und Transportausrüstungen, Lebensmittel, Metalle und Metallerzeugnisse, Chemieerzeugnisse
Importländer:	Italien (8%), Deutschland (7%), Frankreich (6%), Libanon (5%), Südkorea (5%)
Mitgliedschaft in regionalen u. int. Wirtschaftszusammenschlüssen/	
Abkommen (Auswahl):	AFESD, AMF, GAFTA/PAFTA, IWF, OAPEC, Weltbank, in allgemeine autonome Zollpräferenz einbezogen, EU-Kooperationsabkommen (18.10.1977), Euro-Mediterranes Assoziierungsabkommen (Paraphierung 19.10.2004)
Messen:	www.syriaonline.com
Wöchentl. Ruhetage:	Freitag/Samstag, für Christen auch Sonntag

Tunesien

Ländername:	Tunesische Republik (al-Jumhuriya at-Tunisiya)
Fläche:	163 610 qkm
Hauptstadt:	Tunis (Tunis), ca. 1,9 Mio. Einwohner
Bevölkerung:	9,9 Mio., Araber, Berber/Imazighen
Bevölkerungs-	
wachstum:	1,2% p.a.
Sprachen:	Amtssprache: modernes Hocharabisch; Umgangsspra-

213

che: tunesisch-arabischer Dialekt, Tamazight; Geschäfts-
sprachen: Französisch, Englisch

Alphabetisierungsrate: 83% (m), 63% (w)
Ø Lebenserwartung: 73 Jahre (2005)
Arbeitslosigkeit: 13,9% (2004)
Religionen: 98% Islam (Sunniten), ca. 1,5% Christentum (Katholi-
ken, Protestanten), ca. 0,5% Judentum, Islam ist Staatsre-
ligion
Nationaltag: 20. März (1956), Tag der Unabhängigkeit
Unabhängigkeit: 20. März 1956 (ehem. französisches Protektorat)
Regierungsform: Präsidiale Republik
Staatsoberhaupt: Zine el-Abidine Ben Ali (Präsident seit 7.11.1987)
Währung: 1 Tunesischer Dinar = 1000 Millimes
BIP: 25,04 Mrd. US-$ (2003); Anteil: 10,4% Landwirtschaft,
29,1% Industrie, 60,5% Dienstleistungen
Realer Zuwachs: 5,6%
Inflationsrate: 3,6% (2004)
BIP pro Kopf: 3 154 US-$ (2005)
Handy-Nutzer: k. A.
Internet-Nutzer: 835 000 (2005)
Bodenschätze/
Rohstoffe: Erdöl, Erdgas, Phosphat, Eisenerz, Blei, Zink, Salz
Industrie: Erdölförderung, Bergbau (viertgrößter Weltproduzent
von Phosphaten), Textil-, Lederwaren- und Schuhindus-
trie, Lebensmittelverarbeitung
Landwirtschaft: Oliven, Datteln, Tomaten, Zitrusfrüchte, Mandeln, Ge-
treide, Zuckerrüben
Dienstleistungen: Tourismus und Handel (mehr als 50% der Erwerbstätigen
sind im Dienstleistungssektor beschäftigt)
Export: 9,5 Mrd. US-$
Exportgüter: Textilien, Phosphat- und chemische Erzeugnisse, (zweit-
größter Exporteur von Phosphatdünger weltweit), land-
wirtschaftliche Produkte, Olivenöl (drittgrößter Oliven-
ölexporteur weltweit)
Exportländer: Frankreich (25,6%), Italien (19,5%), Deutschland (8,9%)
Import: 11,6 Mrd. US-$
Importgüter: Maschinen und Transportausrüstungen, Textilien, Che-
mieprodukte, Lebensmittel, Raffinerieprodukte, Strom
Importländer: Frankreich (26%), Italien (20%), Deutschland (9%)
Mitgliedschaft in regionalen u. int. Wirtschaftszusammenschlüssen /
Abkommen (Auswahl): AFESD, AMF, ECA, FAO, IWF, GAFTA/PAFTA,
MAFTA, OAPEC, OAU, UMA, WTO, in allgemeine
autonome Zollpräferenz einbezogen, EU-Kooperations-

abkommen (18.10.1977), Euro-Mediterranes Assoziierungsabkommen (1995 unterzeichnet, seit März 1998 in Kraft)

Vereinigte Arabische Emirate (VAE)

Ländername:	Vereinigte Arabische Emirate (Daulat al-Imarat al-'Arabiya al-Muttahida)
Fläche:	83 600 qkm
Hauptstadt:	Abu Dhabi (Abu Dhabi), ca. 400 000 Einwohner
Bevölkerung:	4,5 Mio., Araber, davon ca. 80% Ausländer (aus 191 Nationen)
Bevölkerungswachstum:	7,4% p.a. (hoher Zuwachs von Ausländern)
Sprachen:	Amtssprache: modernes Hocharabisch; Umgangssprache: emiratisch-arabischer Dialekt, Bedu-Dialekte, Sprachen der Ausländer (unter anderem Persisch, Urdu, Hindi); Geschäftssprache: Englisch
Alphabetisierungsrate:	76% (m), 81% (w)
∅ Lebenserwartung:	75,3 Jahre
Arbeitslosigkeit:	k. A.
Religionen:	96% Islam (Sunniten, ca. 16% Schiiten), Christentum, Hinduismus; Islam ist Staatsreligion
Nationaltag:	2. Dezember (1971), Tag der Proklamation der Föderation
Unabhängigkeit:	2.12.1971, britische Schutzherrschaft 1820–1968
Regierungsform:	Bundesstaat aus sieben Emiraten (Abu Dhabi, Dubai, ash-Shariqa, Umm al-Qaiwain, Ajman, Ras al-Khaima, Fujairah; Beitritt Ras al-Khaima 1972)
Staatsoberhaupt:	S. H. Shaikh Khalifa bin Zayed Al-Nahyan (Präsident seit 3.11.2004)
Währung:	1 Dirham = 100 Fils
BIP:	103,2 Mrd. US-$ (2004); Anteil: 4% Landwirtschaft, 58,5% Industrie, 37,5% Dienstleistungen
Realer Zuwachs:	7,4% (2004)
Inflationsrate:	3,4% (2004)
BIP pro Kopf:	22 009 US-$ (2005)
Handy-Nutzer:	3,68 Mio. (2004)
Internet-Nutzer:	1,39 Mio. (2004)

215

Bodenschätze/ Rohstoffe:	Erdöl (9,8% der Weltreserven), Erdgas (4,6% der Weltreserven)
Industrie:	Erdölförderung und -verarbeitung, Erdgasförderung, Fischerei, Baumaterial, Werften, Perlenfischerei
Landwirtschaft:	Datteln, Gemüse, Wassermelonen, Geflügel, Milchprodukte, Fischerei
Dienstleistungen:	Tourismus, Handel, Bankwesen, Informationstechnologie
Export:	77,6 Mrd. US-$
Exportgüter:	Rohöl, Erdgas, Re-Exporte, Trockenfisch, Datteln
Exportländer:	Japan (27,3%), Südkorea (12,0%), Iran (4,3%), Deutschland (1%)
Import:	52,1 Mrd. US-$
Importgüter:	Maschinen und Transportausrüstungen, Chemieprodukte, elektronische Erzeugnisse, Textilien, Lebensmittel
Importländer:	Japan (8,7%), China (8,2%), USA (7,7%), Großbritannien (7,4%), Deutschland (7,1%), Indien (6,7%), Frankreich (6,6%), Südkorea (5,3%), Italien (5,1%)
Mitgliedschaft in regionalen u. int. Wirtschaftszusammenschlüssen/ Abkommen (Auswahl):	AFESD, AMF, CAEU, GAFTA/PAFTA, GCC, IWF, OAPEC, OPEC, Weltbank, WTO, in allgemeine autonome Zollpräferenz einbezogen, EU-Kooperationsvertrag mit GCC (1989)
Messen:	www.expo-centre.co.ae, www.dwtc.com, www.airportexpodubai.com
Wöchentl. Ruhetage:	Freitag/Samstag (ab September 2006)

Quellen:

www.auswaertiges-amt.de, www.bfai.de, www.ahk.de, www.ghorfa.de,
www.imf.com, www.worldbank.org, www.lrp.de, www.wko.at,
www.arab.net, www.arableagueonline.org

Literatur

Interkulturelle Kommunikation

Ajami, R./Khambata, D.: Middle Eastern and Japanese Management. In: Macharzina, Klaus: Unternehmensführung, Wiesbaden 1993.

Al Banawi, M.: Opportunities wide open for young businessmen. In: Arab News, 29.01.1993.

Badawi, M.K.: Styles of Mid-Eastern Managers. In: California Management Revue, 1980.

Baumer, Thomas: Handbuch Interkulturelle Kompetenz. Zürich 2002.

Elashmawi, F./Harris, P. R.: Multicultural Management. New skills for global success. Gulf Publishing Company, Houston 1993.

Gesteland, Richard R.: Global Business Behaviour. Erfolgreiches Verhalten und Verhandeln im internationalen Geschäft. Orell Füssli Verlag, Zürich 1999.

Grove, Cornelius: Randomia Balloon Factory: A Unique Simulation for Working Across the Cultural Divide. Intercultural Press, Yarmouth 2002.

Hall, Edward: Beyond Cultures. Anchor Books, New York 1981.

Hall, Edward/Hall, Mildred: Understanding Cultural Difference. Intercultural Press, Yarmouth 1990.

Harris, P. R./Moran R. T.: Managing Cultural Differences. Houston 1991.

Hassan, J.: Seminar in management skills. In: Arab News, 31.08.1994.

Hecht-El Minshawi, Beatrice: Interkulturelle Kompetenz. For a Better Understanding. Beltz Verlag, Weinheim, Basel, Berlin 2003.

Hecht-El Minshawi: Muslime in Beruf und Alltag verstehen. Beltz Verlag 2004.

Herbrand, Frank: Fit für fremde Kulturen. Interkulturelles Training für Führungskräfte. Haupt, Bern, Stuttgart, Wien 2002.

Hofstede, Geert: Lokales Denken, globales Handeln. Interkulturelle Zusammenarbeit und globales Management. dtv, München 2001.

Marcharzina, Klaus: Handbuch Internationales Management. Grundlagen, Instrumente, Perspektiven. Gabler Verlag, 2002.

Lewis, Richard D.: Handbuch internationale Kompetenz. Mehr Erfolg durch den richtigen Weg mit Gesprächspartnern weltweit. Campus Verlag, Frankfurt am Main 2000.

Rothlauf, Jürgen: Interkulturelles Management. WiSo Lehr- und Handbücher, München, Wien, Oldenbourg 1999.

Schroll-Machl, Sylvia: Die Deutschen – Wir Deutsche. Fremdwahrnehmung und Selbstsicht im Berufsleben. Vandenhoeck & Ruprecht, Göttingen 2003.

Stern, Susan: These Strange German Ways. Atlantik-Brücke 1994.

Thomas, Alexander/Kammhuber, Stefan/Schroll-Machl, Sylvia (Hg.): Handbuch Interkulturelle Kommunikation und Kooperation; Band 1 und 2. Vandenhoeck & Ruprecht Verlag, Göttingen 2003.

Tompenaars, Fons/Woolliams, Peter: Business weltweit. Der Weg zum interkulturellen Management. Murmann Verlag, Hamburg 2004.

Weaver, Gary R.: Culture, Communication and Conflict: Readings in Intercultural Relations. Prentice Hall 2002.

Islam und arabische Welt

Abu Zayd, Nasr Hamid: Ein Leben mit dem Islam, Erzählt von Navid Kermani. Herder, Freiburg i. Br. 2006.

Al-Maaly, Khalid (Hg.): Die arabische Welt – Zwischen Tradition und Moderne. Bielefeld Verlag 2004.

Augsburg, Kristin (Hg.): Geschäftshandbuch VAE. Büro des Delegierten der deutschen Wirtschaft Dubai. AHK German Industry and Commerce Oman, Qatar, United Arab Emirates, Dubai 2005.

Bundesagentur für Außenwirtschaft (bfai)/Deutscher Industrie- und Handelskammertag (DIHK) (Hg.): Zukunftsmärkte in der MENA-Region. Chancen für Exporteure und Investoren, 2005.

Brunswig, Muriel: Kulturschock Marokko. Reise Know-How Verlag, Bielefeld 2002.

Der Fischer Weltalmanach 2006: Fischer Taschenbuch Verlag, Frankfurt/M. 2005.

Ende, Werner/Steinbach, Udo: Der Islam in der Gegenwart. Verlag C.H. Beck, München 2005.

Elger, Ralf: Kleines Islam-Lexikon. Verlag C.H. Beck, München 2006.

Endreß, Gerhard: Der Islam. Eine Einführung in seine Geschichte.Verlag C.H. Beck, München 1991.

Endreß, Gerhard: Der Islam in Daten. Verlag C.H. Beck, München 2006.

Faath, Sigrid (Hg.): Politische und gesellschaftliche Debatten in Nordafrika, Nah- und Mittelost. Deutsches Orient Institut, Hamburg 2004.

Faath, Sigrid: Muhammad az-Zwawi. Ein libyscher Karikaturist. Scheessel 1984.

Halm, Heinz: Der Islam. Geschichte und Gegenwart. Verlag C. H. Beck, München 2005.

Halm, Heinz: Die Schiiten. Verlag C.H. Beck, München 2005.

Harms, Florian/Jäkel, Lutz: Kulinarisches Arabien. Verlag Christian Brandstätter, Wien 2004.

Heine, Peter: Knigge für Nichtmuslime. Ein Ratgeber für den Alltag. Herder, Freiburg im Breisgau 2001.

Heller, Edmute/Mosbahi, Hassouna: Islam, Demokratie, Moderne. Aktuelle Antworten arabischer Denker. Verlag C.H. Beck, München 1998.

Hoffmann, Murad W. (Hg.): Der Koran. Arabisch–Deutsch. Übersetzt von Max Henning. Diederichs, Kreuzlingen/München 2001.

Hourani, Albert: Die Geschichte der arabischen Völker. Fischer Taschenbuch Verlag, Frankfurt am Main 2002.

Hunke, Sigrid: Allahs Sonne über dem Abendland. Unser arabisches Erbe. Fischer Taschenbuchverlag, Frankfurt am Main 2005.

Hussein, Abdelhamid: Arabische Witze. Deutscher Taschenbuch Verlag, München 2004.

Kabasci, Kirstin: Islam erleben. Reise Know-How Verlag, Bielefeld 2001.

Kabasci, Kirstin: Kulturschock Golfemirate/Oman. Reise Know-How Verlag, Bielefeld 2002.

Khoury, Adel Th.: Der Koran. Erschlossen und kommentiert. Patmos, Düsseldorf 2005.

Kratochwil, Gabi: Die Berber in der historischen Entwicklung Algeriens von 1949 bis 1990. Zur Konstruktion einer ethnischen Identität. Klaus Schwarz Verlag, Berlin 1996.

Kratochwil, Gabi: Die Berberbewegung in Marokko. Klaus Schwarz Verlag, Berlin 2002.

Krämer, Gudrun: Geschichte des Islam. Verlag C. H. Beck, München 2005.

Kreile, Renate: Politische Herrschaft, Geschlechterpolitik und Frauenmacht im Vorderen Orient. Centaurus, Pfaffenweiler 2001.

Lewis, Bernard: Die Araber. Deutscher Taschenbuch Verlag, München 2002.

Lüders, Michael: Im Herzen Arabiens. Stolz und Leidenschaft. Begegnungen mit einer zerrissenen Kultur. Herder, Freiburg im Breisgau, 2004.

Meyer, Günter (Hg.): Die Arabische Welt im Spiegel der Kulturgeographie. Zentrum für Forschung zur Arabischen Welt, Mainz 2004.

Mernissi, Fatima: Der politische Harem. Mohamed und die Frauen. Herder, Freiburg im Breisgau 2002.

Nydell, Margaret K.: Understanding Arabs. A Guide for Modern Times. Intercultural Press, Yarmouth 2006.

Osman, Nabil: Kleines Lexikon deutscher Wörter arabischer Herkunft. Verlag C.H. Beck, München 2002.

Paret, Rudi: Der Koran. Übersetzung und Konkordanz. Verlag W. Kohlhammer, Stuttgart 1985.

Reichwein, Franz: Arabische Golfstaaten. Tipps für die Praxis. Bundesagentur für Außenwirtschaft (bfai), 2003.

Schimmel, Annemarie: Der Islam. Eine Einführung. Reclam, Stuttgart, 1995.

Schami, Rafik: Damaskus im Herzen. Carl Hanser Verlag, München 2006.

Schulze, Reinhard: Geschichte der Islamischen Welt im 20. Jahrhundert. Verlag C.H. Beck, München 1994.

Seifert, Jörg/Schwippert, Wolf R./Brenner, Hatto: Business-Guide Naher und Mittlerer Osten. Deutscher Wirtschaftsdienst 2003

Spantzel, Dagmar (Hg.): Tunesien für Geschäftsleute 2005. AHK Deutsch-Tunesische Industrie und Handelskammer, Tunis 2005.

Thesiger, Wilfried T.: Die Brunnen der Wüste. Mit den Beduinen durch das unbekannte Arabien. Piper Verlag, München 2004

Weiss, Walter M./Westermann, Kurt-Michael: Der Basar. Mittelpunkt des Lebens in der islamischen Welt. Verlag Christian Brandstätter, Wien 1994.

Williams, Jeremy: Don't they know it's Friday? Cross-Cultural Considerations for Business and Life in the Gulf. Motivate Publishing, Dubai/Abu Dhabi 2004.

Wippel, Steffen: The Agadir Agreement and Open Regionalism. EuroMeSCopaper 45, Lissabon, 2005.

Zorob, Anja: South-South Integration as Complementary Strategy and its Conditions: The Case of GAFTA. Paper presented at the Seventh Mediterranean Social and Political Research Meeting, Florence & Montecatini Terme, 22–26 March 2006, Mediterranean Programme of the Robert Schumann Centre for Advances Studies at the European University Institute 2006.

Zorob, Anja: Die Euro-Mediterrane Partnerschaft und die Süd-Süd-Integration. In: Orient, 46, Heft 3, 2005, S. 492–508.

Dank

Dieses Buch wäre ohne die Anregungen, Diskussionen und großartige Unterstützung zahlreicher Personen nicht zustande gekommen. Ihnen allen gilt mein aufrichtiger Dank. Stellvertretend für alle möchte ich besonders danken: Meiner lieben Familie Willi Kratochwil, Monique Emilie Linßen-Fiamma, Margarete Kratochwil und meinem wunderbaren Mann, Gerd Baumgarten, für ihre unermüdliche tatkräftige Unterstützung, Abdulaziz al-Mikhlafi, Generalsekretär der Arab-German Chamber of Commerce and Industry e. V. (Ghorfa) und seinem hervorragenden Team, Prof. Dr. Hinrich Biesterfeld vom Landesspracheninstitut NRW in Bochum, Jochen Clausnitzer und Angelika Rahmer vom Deutschen Industrie und Handelskammertag (DIHK) in Berlin, Martin Kallhöfer von der Bundesagentur für Außenwirtschaft (bfai) in Köln, den zahlreichen Mitarbeitern der Außenhandelskammern (AHK) im arabischen Raum, Dr. Sigrid Faath und Dr. Hanspeter Mattes vom Deutschen Orient Institut in Hamburg, vor allem für die freundliche Genehmigung zum Abdruck der Karikatur von Muhammad az-Zwawi, Anja Zorob, ebenfalls vom Deutschen Orient Institut, Zoya Abou-Chaz und Jehan el-Sawi. Ganz besonderer Dank gilt Marcel Keller, Hans Traxler und Muhammad az-Zwawi für die wunderbaren Karikaturen und Illustrationen in diesem Buch sowie Dipl.-Psych. Matthieu Kollig für die gemeinsame Entwicklung des Interkulturellen Kulturstandard-Tests. Mein herzlicher Dank gilt auch den zahlreichen Teilnehmern meiner CrossCultures Seminare, die mich durch ihre Fragen, Anregungen und Erfahrungen aus der Praxis immer wieder bereichern. Und last but not least danke ich ganz besonders Dr. Manfred Hiefner-Hug vom Orell Füssli Verlag in Zürich für sein Vertrauen, Maya Henggeler sowie – und damit wären wir bei Z angelangt – meinem Verlagslektor Bernd Zocher für die wunderbare Zusammenarbeit. *Shukran*.

Anmerkungen

Muqaddima – Ein Wort vorab

1 Quellen: Zukunftsmärkte in der MENA-Region, DIHK/bfai, (2005:9), www.worldbank.com

2 Quelle: UNO, Statistics Division, Dezember 2004.

3 Zitiert in: Zenith (02/2005:6).

1. Business with «the» Arabs?

1 Zitiert in Lewis (2002:12).

2 Quelle: Internationaler Währungsfonds, World Economic Database, April 2005.

3 Jordanien 96 Prozent (m), 86 Prozent (w); Katar 94 Prozent (m/w), Bahrain 92 Prozent (m), 84 Prozent (w), Libanon 92 Prozent (m), 80 Prozent (w), Syrien 91 Prozent (m), 74 Prozent (w). Quelle: Fischer Weltalmanach (2006:508–511).

4 Irak 55 Prozent (m), 23 Prozent (w); Marokko 63 Prozent (m), 38 Prozent (w); Ägypten 67 Prozent (m), 44 Prozent (w); Jemen 69 Prozent (m), 29 Prozent (w). Quelle: Fischer Weltalmanach (2006:508–511).

5 Die Berber bezeichnen sich selbst als Imazighen (berberisch: amazigh = freier Mann, Pl. imazighen), die berberische Sprache wird als tamazight bezeichnet, auch wenn dieser Begriff streng genommen den berberischen Dialekt in Teilen des Hohen und Mittleren Atlas bezeichnet. Im berberistischen Diskurs wird die Fremdbezeichnung Berber abgelehnt, da sie einer Negativassoziierung entspringt. Vgl. auch Kratochwil (1996, 2002).

6 Vgl. zu den Berberbewegungen in Algerien und Marokko auch Gabi Kratochwil (1996, 2002).

7 Die 22 Staaten der Arabischen Liga: Ägypten, Algerien, Bahrain, Dschibuti, Irak, Jemen, Jordanien, Komoren, Kuwait, Libanon, Libyen, Marokko, Mauretanien, Oman, Palästinensische Autonomiegebiete, Katar, Saudi-Arabien, Somalia, Sudan, Syrien, Tunesien, Vereinigte Arabische Emirate. www.arableagueonline.org

8 Eine Ausnahme bildet die spanische Einflusszone im Norden und äußeren Süden Marokkos sowie der Spanisch Westsahara.

9 Vgl. Anja Zorob (2006: 20ff. und 2005: 494ff.), Stefan Wippel 2005.

10 Vertreter Syriens, Algeriens, Libyens, Mauretaniens und dem Libanon wohnten der Zeremonie bei. Von ihnen wird erwartet, dass sie der MAFTA zu gegebener Zeit beitreten. Vgl. Zorob (2006).

2. Arabische Geschäftskultur: Eine lange Tradition

1 Die ersten Karawansereien entstanden in den seldschukischen Fürstentümern Zentralasiens Ende des 10. Jahrhunderts.

2 http://www.undp.org/und
http://cfapp2.undp.org/rbas/ahdr.cfm?menu=1

3 Man sollte stets auf die ethnische Herkunft einer Person achten. So hören es Perser nicht gerne, wenn Ibn Sina als «Araber» bezeichnet wird. Umgekehrt bezeichnen Araber Ibn Sina gerne als den ihren, also als Araber, da er doch in den Grenzen der damals als arabisch-islamischen Zivilisation bezeichneten Welt wirkte und seine Werke auf Arabisch verfasste.

4 Siehe hierzu auch Nabil Osman 2002.

3. Vom Umgang mit unterschiedlichen Kulturstandards im Geschäftsleben

1 Vgl. Hecht-El Minshawi (2003:149).

2 Vgl. unter anderem Geert Hofstede, Fons Trompenaars, Richard D. Lewis, Richard R. Gesteland, Gary R. Weaver, Cornelius Grove, Frank Herbrand, Sylvia Schroll-Machl, Alexander Thomas, Abbas Amin.

3 Diese qualitative Umfrage erhebt keinen Anspruch auf Vollständigkeit. Die Nennungen der Zuschreibungskriterien erfolgten bewusst spontan und ohne Vorgabe. Die Zuordnung zur Bewertung positiv/negativ erfolgte durch die Befragten selbst. Die gegenseitigen Zuschreibungskriterien haben sich in dem genannten Erhebungszeitraum interessanterweise nicht verändert.

4. Sichere Geschäftsanbahnung

1 Nicht zuletzt auch infolge der Tatsache, dass viele Araber aus den (z.T. ehemals) sozialistisch geprägten Ländern wie Libyen, Syrien, Irak sowie dem ehemaligen Südjemen in der DDR studiert haben.

6. Die hohe Kunst des Verhandelns

1   Vgl. hierzu auch Augsburg (2005: 131 ff.) und Reichwein (2003: 22 ff.).

7. Management im arabischen Raum

1   Vgl. auch Arbeitsverhältnis, IFIM, o.D., S. 2, Badawi (1980), Rothlauf (1999), Harris/Moran (1991), Hassan (1994), Elashmawi/Harris (1993).

8. Arbeitsalltag im arabischen Raum

1   Eigene Umfragen, im Zeitraum von 2000–2006 an Hochschulen in Ägypten, Marokko und den VAE durchgeführt.

10. Freitags nie! Der Islam im Geschäftsleben

1   Muslime setzen hinter den Namen des Propheten die Eulogie «Gott segne ihn und schenke ihm Heil» (salla llahu alayhi wa-sallam[a]).

Wir freuen uns auf Ihre Anfrage:

Interkulturelle Kommunikation
Seminare • Training • Coaching

CrossCultures
Dr. Gabi Kratochwil
Hauptstrasse 100
D- 50226 Frechen
Fon/Fax: +49 (0) 22 34 – 95 10 64
E-Mail: info@cross-cultures.de
Internet: www.cross-cultures.de

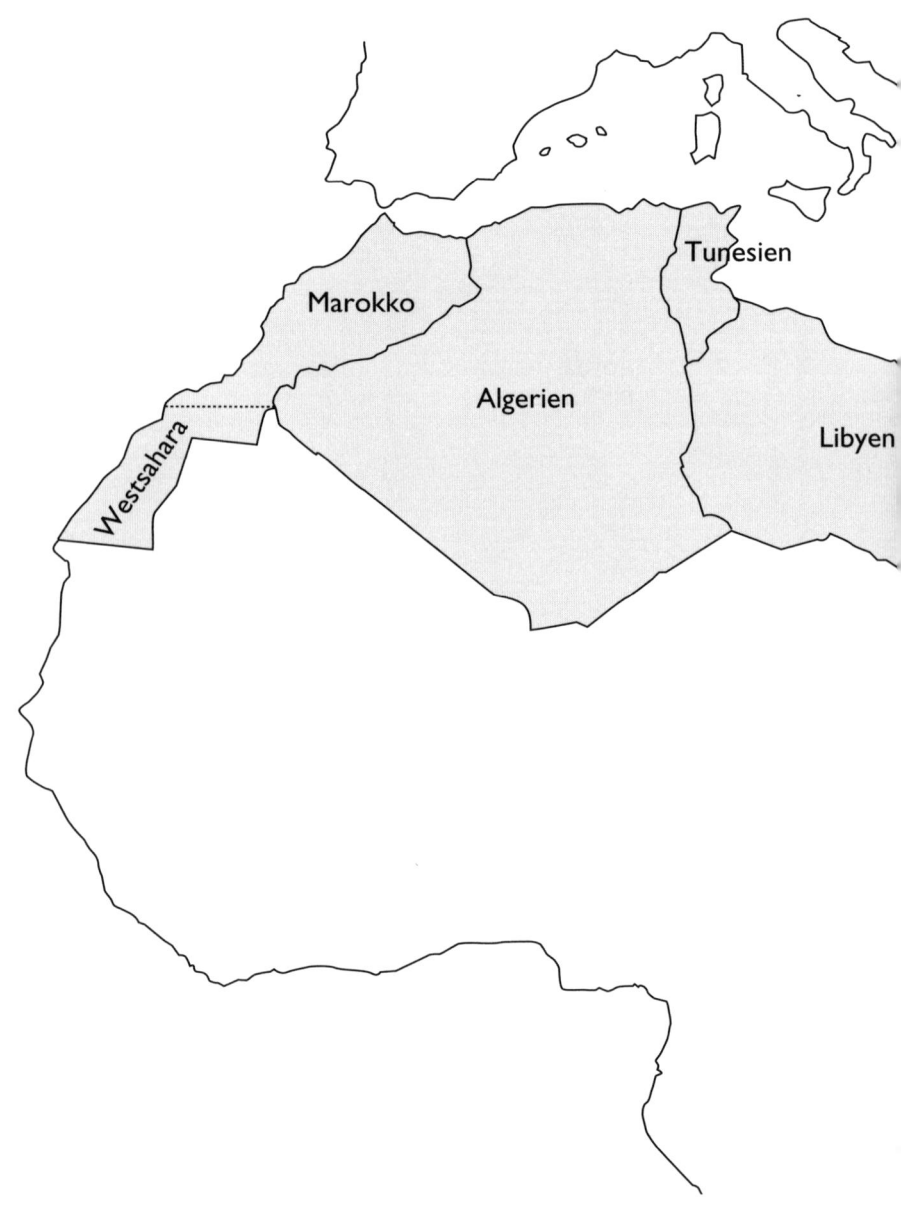

Tunesien

Marokko

Algerien

Libyen

Westsahara

* Zu den 22 Staaten der Arabischen Liga (AL) zählen zudem: Dschi